AF464670

Bibliothèque du COURRIER DES EXAMENS
(des Postes, des Télégraphes et des Téléphones)

COURS ÉLÉMENTAIRE
DE
PHYSIQUE ET DE CHIMIE
A L'USAGE DES CANDIDATS
A L'EMPLOI DE COMMIS
DES POSTES ET DES TÉLÉGRAPHES

PAR

LOUIS NAUD

Chef de bureau à l'Administration Centrale des P. et des T.
Directeur du *Courrier des Examens*

BUREAUX DU COURRIER DES EXAMENS
des Postes et des Télégraphes
28, RUE SERPENTE, PARIS, VIe

1917

COURS ÉLÉMENTAIRE

DE

PHYSIQUE ET DE CHIMIE

A L'USAGE DES CANDIDATS

A L'EMPLOI DE COMMIS

DES POSTES ET DES TÉLÉGRAPHES

PAR

LOUIS NAUD

Chef de bureau à l'Administration Centrale des P. et des T.
Directeur du *Courrier des Examens*

BUREAUX DU COURRIER DES EXAMENS
des Postes et des Télégraphes
28, RUE SERPENTE, PARIS, VIe

COURS ÉLÉMENTAIRE

DE PHYSIQUE ET DE CHIMIE

TITRE PREMIER

PHYSIQUE GÉNÉRALE

NOTIONS PRÉLIMINAIRES

Sciences physiques. Phénomènes physiques et chimiques. — On comprend sous le nom de « sciences physiques » la physique et la chimie, dont les objets sont distincts. Tandis que la chimie s'occupe des corps au point de vue de leur composition et des changements qui peuvent y être introduits par leurs actions réciproques, la physique a pour but l'étude des phénomènes qui se produisent sans que la constitution interne des corps soit modifiée.

Une barre de fer soumise à l'action de la chaleur s'allonge en même temps que sa température s'élève ; mais elle revient à son état primitif en reprenant sa température initiale ; la dilatation est un *phénomène physique*. — Si l'on abandonne la même barre de fer à l'air humide, le métal se recouvre bientôt d'une couche de rouille et, si l'action se prolonge assez longtemps, tout le fer se transforme en une matière nouvelle : c'est un *phénomène chimique*.

Les corps. Leurs propriétés générales. — On appelle « corps » tout objet occupant une portion de l'espace à l'exclusion de tout autre. La portion de l'espace ainsi occupée est le *volume* du corps.

On donne le nom général de *matière* à la substance dont les corps sont formés. Elle peut se présenter sous trois aspects :

1° État solide. — Les corps solides ont une forme déterminée, et sont caractérisés par leur grande cohésion et leur faible compressibilité.

2° État liquide. — Les liquides n'ont pas de forme propre, mais prennent celle du vase dans lequel on les enferme ; leurs propriétés essentielles sont une faible cohésion et une faible compressibilité.

3° État gazeux. — Les gaz, qui ressemblent à l'air, n'ont pas de forme propre ; ils sont caractérisés par l'absence de cohésion et une grande compressibilité.

Remarque. — L'état d'un corps dépend des conditions dans lesquelles il se trouve, et presque tous les corps sont susceptibles d'être amenés aux trois états : solide, liquide et gazeux. Ainsi l'eau, liquide habituellement, peut prendre l'état solide (glace) ou l'état gazeux (vapeur d'eau).

CHAPITRE PREMIER

PESANTEUR

CHUTE DES CORPS. — PENDULE. — BALANCE

Pesanteur. — Un corps quelconque, soulevé à une certaine hauteur, puis abandonné à lui-même, revient vers la terre. Si les aérostats, la fumée, etc., semblent faire exception à la règle, cela tient à la poussée de l'air, supérieure au poids de ces corps.

Cette chute des corps vers la terre est évidemment due à une cause extérieure, qui a reçu le nom de *pesanteur*.

Direction de la pesanteur. — Elle est indiquée par le *fil à plomb*, dont la direction, perpendiculaire à la surface libre des eaux tranquilles, a reçu le nom de *verticale*. La pesanteur est donc dirigée suivant la verticale.

Fig. 1

Or la verticale, prolongement du rayon terrestre, passe par le centre de la terre. Tous les corps tombent donc comme s'ils étaient attirés vers le centre de la terre.

Centre de gravité. — On peut se représenter l'action de la pesanteur sur un corps comme résultant d'un ensemble de forces parallèles égales au poids de chacune des molécules et appliquées à chacune d'elles. Un tel système de forces peut être remplacé par une force unique égale au poids total et appliquée en un point qu'on appelle *centre de gravité*. Donc, pour empêcher un corps de tomber, il faut lui appliquer une force égale à son poids, mais de sens inverse et dont la direction passe par le centre de gravité.

Pour déterminer le centre de gravité d'un corps, on suspend ce corps à un fil par l'un de ses points : il prend une position d'équilibre dans laquelle le centre de gravité se trouve sur le prolongement du fil. On trace cette direction sur le corps. Puis on recommence la même expérience en suspendant le corps par un autre point. Le point de rencontre des deux lignes ainsi obtenues dans le corps est le centre de gravité.

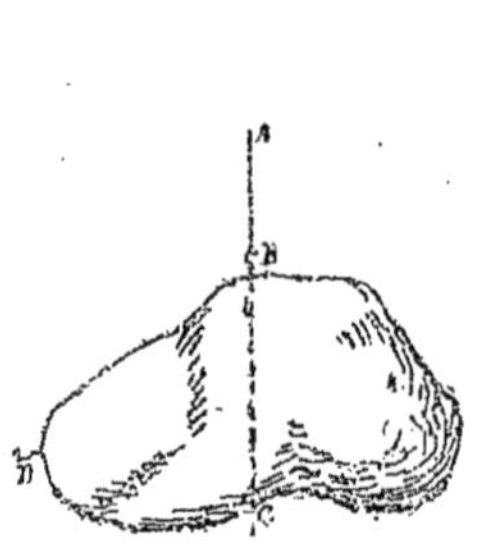

Fig. 2.

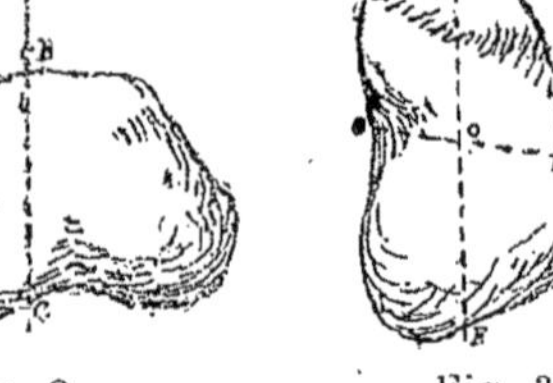

Fig. 3.

Chute des corps. Lois. — Elles sont au nombre de trois :

1re Loi. — *Dans le vide, tous les corps tombent également vite.*

On le vérifie expérimentalement à l'aide du tube de Newton.

On fait le vide dans le tube, dans lequel on a introduit différents objets (morceau de liège, balle de plomb, etc.), puis on ferme le robinet et on retourne l'appareil : tous les corps soumis à l'expérience arrivent ensemble au fond du tube.

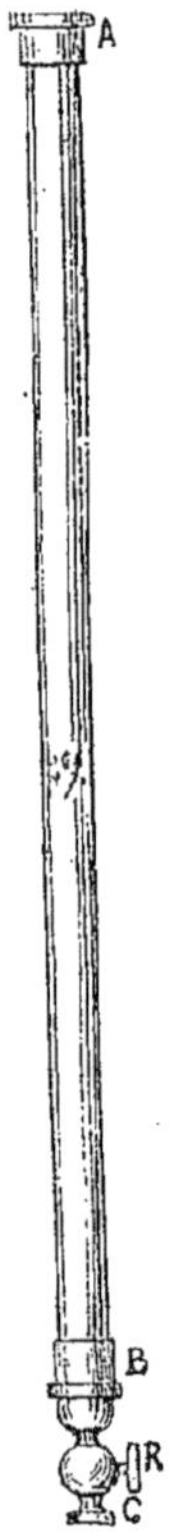

Fig. 4.

La pesanteur est donc une force constante en grandeur, comme elle l'est en direction.

Dans l'air, les choses se passent différemment. Les corps légers tombent moins vite que les corps lourds. Ce retard est exclusivement dû à la résistance de l'air qui agit d'une façon plus sensible sur les premiers que sur les derniers.

2e Loi. — *L'espace parcouru par un corps tombant en chute libre varie proportionnellement au carré du temps*

$$\left(e = \frac{gt^2}{2}\right).$$

Un corps parcourt pendant la première seconde de chute $4^m,90$. Si on le laisse tomber pendant deux secondes, il parcourra un chemin quatre fois plus grand, soit $4^m,90 \times 4$; pendant trois secondes. $4^m,90 \times 9$, etc. Les temps ayant varié comme les nombres 1, 2, 3, les espaces parcourus sont entre eux comme les nombres, 1, 4, 9, etc.

Il est inutile ici d'opérer dans le vide, la résistance de l'air n'intervenant d'une façon sensible que lorsqu'il s'agissait de corps légers ; on élimine cette cause d'erreurs, en employant pour l'expérience un corps lourd.

3e Loi. — *La vitesse d'un corps qui tombe croît proportionnellement au temps de chute* ($V = gt$).

Pendant qu'un corps tombe, la pesanteur continue d'agir sur lui et accroît de plus en plus la vitesse de sa descente. De telle sorte que si le corps tombant d'une hauteur de $4^m,90$ (soit une seconde de chute) arrive sur le sol avec une vitesse de 9m,8, ce même corps tombant de 19m,60 (deux secondes de chute) arriverait sur le sol avec une vitesse égale à 9m,8 × 2; après trois secondes de chute, sa vitesse serait 9m,8 × 3, etc. Les 2e et 3e lois se vérifient expérimentalement au moyen de la machine d'Atwood, qui permet de ralentir considérablement la chute d'un corps, sans en modifier autrement les conditions.

Pendule. — On appelle *pendule* l'appareil constitué par un fil, à l'extrémité duquel est suspendue une masse pesante de très petit volume. L'extrémité libre du fil étant fixée à un axe, le pendule se tiendra en équilibre comme le fil à plomb dans une direction verticale.

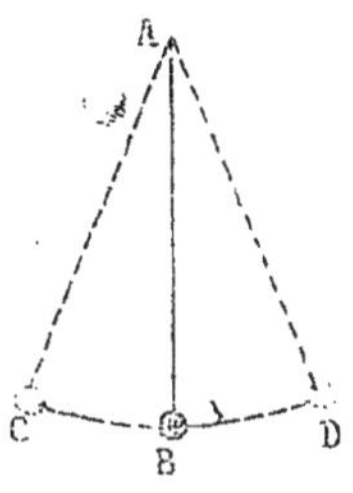

Fig. 5.

Si on l'écarte de sa position d'équilibre, en vertu de la pesanteur il tendra à reprendre sa position primitive qu'il dépassera même par suite de sa vitesse acquise, puis il reviendra sur sa première trajectoire. Chacune de ces allées et venues s'appelle une *oscillation*. L'angle des deux positions extrêmes (CAD fig. 5) est l'*amplitude* de l'oscillation.

Lois des oscillations du pendule. — Trois lois principales ;

1re LOI. — *La durée d'une oscillation est indépendante de la nature du pendule.*

On le vérifie en faisant osciller divers pendules de même longueur qu'on écarte d'un même angle de leur position d'équilibre.

2e LOI. — *Pour des oscillations de faible amplitude* (7 à 8 degrés), la *la durée de l'oscillation est indépendante de l'amplitude.*

Cette loi est dite loi de l'*isochronisme* des *petites oscillations*.

3e LOI. — *Dans un même lieu, les durées des oscillations de deux pendules de longueurs différentes sont proportionnelles aux racines carrées des longueurs.*

De deux pendules, l'un de 1 mètre, l'autre de 4 mètres de longueur, le premier fera deux oscillations pendant que le deuxième n'en fera qu'une.

Nota. — Par suite de ce que la terre n'est pas absolument sphérique (aplatissement des pôles), le pendule oscille un peu plus rapidement aux pôles qu'à l'équateur.

Application du pendule à la mesure du temps. — Le pendule est surtout employé pour régulariser la marche des horloges. Le déplacement de l'aiguille sur le cadran, sous l'action du mécanisme d'horlogerie, est commandé par un pendule dont les oscillations ont toujours la même durée, comme nous l'avons vu plus haut.

La loi des longueurs fait comprendre pour quelle raison on accélère le marche d'une horloge en réduisant la longueur du pendule, tandis qu'on la retarde en l'augmentant.

Poids. — Unité de poids. — Tous les corps sont attirés par la terre. Si un obstacle s'oppose à leur chute, ils exercent sur lui une pression qui est le *poids* du corps. Pour mesurer le poids d'un corps, on le compare à celui d'un autre corps choisi comme unité.

L'unité adoptée en France est le « gramme », poids d'un centimètre cube d'eau distillée à la température de 4 degrés centigrades, ou le kilogramme (mille grammes), poids d'un décimètre cube d'eau.

Balance. — Considérons une tige *rigide* et rectiligne *ab* reposant par son milieu *c* sur un axe autour duquel elle peut tourner. Dans sa position d'équilibre, la tige reste horizontale ; il en sera de même si l'on suspend à ses deux extrémités des poids égaux. Tel est le principe de la balance qui permet de reconnaître l'égalité de deux poids. La tige rigide *ab* s'appelle le *fléau*. Pour réaliser l'axe autour duquel il doit tourner, on munit le fléau d'un prisme, ou *couteau* formé d'une substance dure et reposant par une de ses arêtes sur une surface plane supportée par le pied.

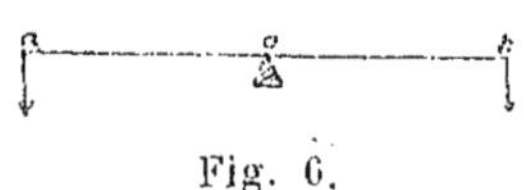

Fig. 6.

Balance juste. — Dans une balance bien construite, le fléau doit être horizontal lorsque les plateaux sont vides ou chargés de poids égaux.

Fig. 7.

La condition principale de justesse de la balance réside dans l'égalité des deux bras de levier. On la vérifie en plaçant dans l'un des plateaux A un corps auquel on fait équilibre avec de la tare dans l'autre plateau B. Puis on enlève le corps et la tare et on place le premier dans le plateau B. Si la balance est juste, l'équilibre doit être obtenu en mettant la même tare que précédemment dans le plateau A.

La méthode des doubles pesées permet, même avec une balance qui n'est pas juste, d'effectuer des pesées exactes. On place le corps à peser dans le plateau B, et on lui fait équilibre à l'aide d'une tare convenable placée dans le plateau A. Puis, sans rien changer à la tare, on enlève le corps et on le remplace dans le plateau B par des poids marqués. Lorsque le fléau est horizontal, les poids marqués placés dans le plateau B représentent le poids exact du corps, puisque le corps et les poids font équilibre à la même tare.

---

(1) Les lois des oscillations pendulaires sont contenues dans la formule $t = \pi \sqrt{\frac{l}{g}}$. Au moyen de cette formule, on détermine la longueur à donner au pendule pour qu'il effectue exactement une oscillation par seconde.

Balance sensible. — On dit qu'une balance est *sensible* lorsque le fléau s'incline d'un angle appréciable pour une légère surcharge de l'un des plateaux. Cette qualité s'obtient en faisant les bras du fléau le plus longs et le plus légers possible, condition qu'on réalise au moyen de fléaux évidés. Le centre de gravité doit être au-dessous et très près du point de suspension et les frottements réduits au minimum.

CHAPITRE II

DES LIQUIDES. — PRINCIPE D'ARCHIMÈDE

Pression des liquides. — Les liquides sont des corps très mobiles qui prennent la forme du vase dans lequel on les enferme; leur volume ne se modifie presque pas sous l'influence des plus fortes pressions.

Principe de Pascal. — Soit un vase rempli d'un liquide. Perçons dans les parois de ce vase des orifices ayant tous la même surface et munissons-les de petits pistons pouvant s'y déplacer; puis plaçons sur l'un des pistons P un poids d'un kilogramme. Pour maintenir en équilibre les pistons p et p', il faudra exercer sur chacun d'eux un effort d'un kilogr. également.

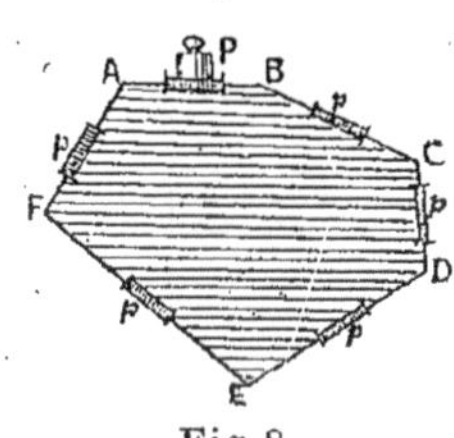

Fig 8.

Si deux orifices étaient percés l'un à côté de l'autre, une pression d'1 kilogr. exercée sur le piston P nécessiterait un effort d'un kilogr. sur chacun des pistons voisins pour les maintenir, ou ce qui revient au même effort de 2 kilogr. sur l'ensemble, qui représente une surface double.

Plus généralement, la transmission de la pression dans les liquides est soumise à la loi suivante, connue sous le nom de « principe de Pascal » : « La pression exercée en un point quelconque d'un liquide se transmet dans tous les sens; elle est proportionnelle à la surface pressée. »

Presse hydraulique. — La « *presse hydraulique* », qui permet d'obtenir des compressions énergiques, en dépensant de petits efforts, est une application du principe de Pascal.

Supposons un vase ABC deux fois recourbé à angle droit. L'une des parties verticales A ayant une section égale à l'unité, et l'autre C une section cent fois plus grande, emplissons le vase d'eau et fermons-le par deux pistons p et P. Si l'on place sur le piston p un poids d'un kilogr., il faudra pour empêcher le déplacement du piston P un poids de 100 kilogr. En sorte que si l'on met sur le piston

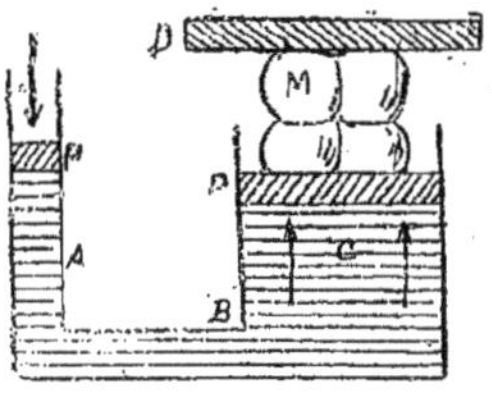

Fig. 9.

P un corps M serré entre le piston et une plaque fixe telle que D, ce corps sera soumis à une compression de 100 kilogr.

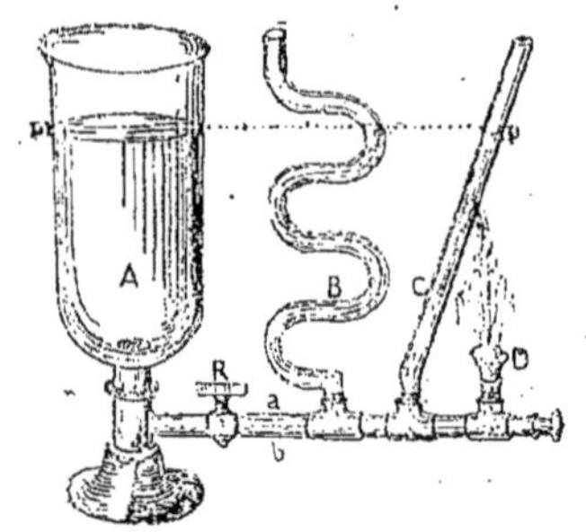

Fig. 10.

Vases communicants. — Lorsque deux ou plusieurs vases communiquent entre eux de façon que le liquide versé dans l'un puisse se répandre dans les autres l'expérience montre que, le liquide ayant pris sa position d'équilibre, la surface libre dans tous les vases est dans le même plan horizontal.

On le prouve au moyen d'un appareil formé d'un vase A muni à sa partie inférieure d'un tube sur lequel on peut visser des vases divers tels que B et C. En remplissant d'eau le vase A, on constate l'ascension du liquide dans les vases B et C et, dans les trois récipients, la surface libre est dans le même plan horizontal. En répétant l'expérience après remplacement des tubes B et C par d'autres de forme différente, on est toujours conduit au même résultat.

Si, au lieu de contenir un même liquide, les vases communicants contiennent des liquides différents, de l'eau et du mercure, par exemple, on constate que les hauteurs sont en raison inverse des densités.

Applications des vases communicants. — 1° *Jets d'eau.* Si, dans l'appareil précédent, on remplace le vase B par un ajutage permettant l'écoulement de l'eau, on voit le liquide jaillir à la hauteur de la surface libre dans le vase A. — Le forage des puits artésiens repose sur le même principe.

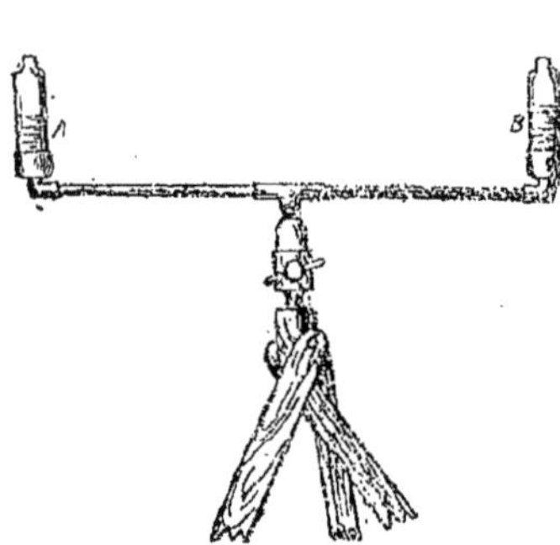

Fig. 11.

2° *Niveau d'eau.* Le *niveau d'eau* donne le moyen de déterminer la différence d'altitude de deux points. Il se compose d'un tube en fer-blanc, deux fois recourbé à ses extrémités, dans lesquelles on adapte deux petites bouteilles en verre blanc. On y verse de l'eau qui se place de sorte que les deux surfaces libres soient dans le même plan horizontal.

Pressions exercées par les liquides. — Tout liquide étant pesant, la première couche à partir de la surface presse sur celle qui vient immédiatement au-dessous, et ainsi de suite. En vertu du principe de Pascal, les pressions se transmettent dans tous les sens à l'intérieur du liquide, et finalement sur le vase qui le renferme.

La pression exercée sur le fond d'un vase est *indépendante de la forme du vase*. Elle est égale au poids d'une colonne du liquide ayant pour base le fond du vase et pour hauteur la distance du fond à la surface libre.

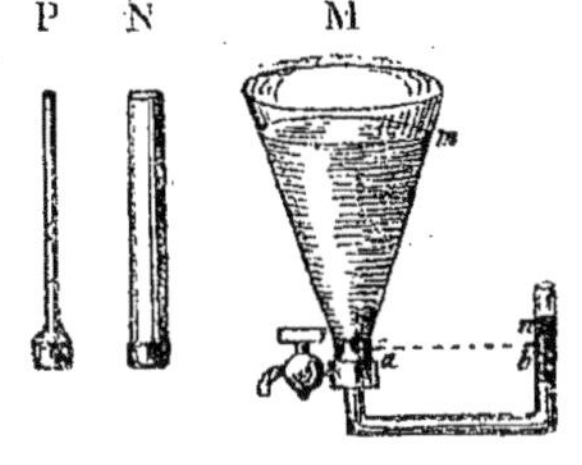

Fig. 12.

On démontre l'existence de cette pression au moyen de l'appareil ci-après.

Un tube en verre recourbé *a b* est rempli de mercure qui s'élève dans les deux branches à la même hauteur. A l'extrémité *a* est adaptée une tubulure en cuivre sur laquelle on peut visser des vases de forme différente, mais ayant tous au fond même superficie (celle de la tubulure *a*). Quel que soit le vase vissé sur la tubulure *a*, si le niveau du liquide qui remplit ce vase est à une hauteur constante au-dessus de cette tubulure, la pression exercée par le liquide sur le fond, c'est-à-dire sur le mercure, est constante. On le vérifie en remarquant que le mercure atteint dans la petite branche une hauteur invariable.

Si on calcule le poids de mercure compris entre *b* et *n*, on voit qu'il est égal au poids d'une colonne d'eau ayant pour base le fond du vase (ou la surface de la tubulure *a*) et pour hauteur la hauteur de l'eau au-dessus du fond, ce qui vérifie la loi précédemment énoncée. On conçoit alors qu'avec une petite quantité de liquide employée sur une grande hauteur, on peut obtenir des pressions considérables. C'est ce qu'on réalise avec le *crève-tonneau* (fig. 13).

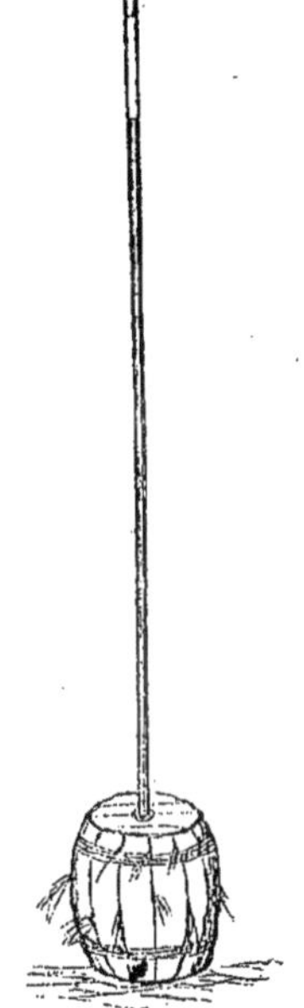
Fig. 13.

Pressions sur les parois latérales. — Les liquides exercent des pressions sur les parois latérales comme sur le fond. Une preuve évidente de l'existence de cette pression est l'écoulement du liquide par un orifice ouvert dans la paroi latérale. On peut admettre qu'elle est la même que celle qui s'exerçait sur un élément de même surface, placé à la même profondeur, mais horizontal. Cette pression sur la paroi *m' n'* est donc représentée par le poids de la colonne liquide découpée sur la figure. Elle croît évidemment au fur et à mesure que l'on considère des éléments plus éloignés de la surface libre du liquide.

Fig. 14.

Le vase à réaction permet de vérifier expérimentalement l'existence des pressions sur les parois latérales ; il est constitué par un vase M pouvant se déplacer et muni d'un robinet *r*. On remplit le vase d'un liquide quelconque.

Vient-on à ouvrir le robinet, le vase se met en mouvement dans le sens inverse de l'écoulement du liquide.

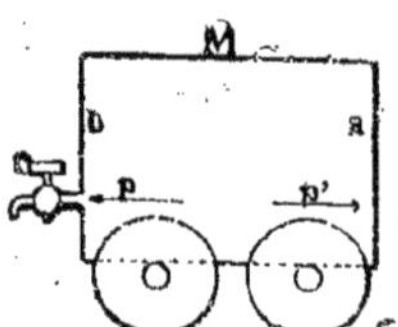

Fig. 15.

Principe d'Archimède. — Lorsqu'un corps est plongé dans un liquide, il éprouve de la part de ce liquide des pressions sur tous les points de sa surface ; l'action totale est appelée *poussée du liquide*.

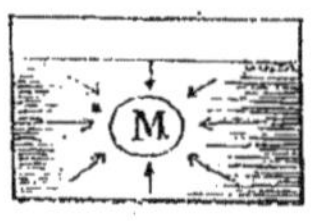

Fig. 16.

La direction et l'intensité de la poussée ont été énoncées par Archimède : *tout corps plongé dans un liquide éprouve de la part de ce liquide une poussée verticale de bas en haut égale au poids du volume de liquide déplacé.*

Vérification expérimentale du principe d'Archimède. — Prenons deux cylindres, l'un plein A, l'autre creux B, tels que la capacité du cylindre creux soit exactement égale au volume extérieur du cylindre plein. Suspendons ces cylindres à l'un des plateaux M d'une balance, le cylindre plein A au-dessous du cylindre creux B, et faisons équilibre avec une tare convenable placée dans le plateau R. Puis apportons sous le plateau M un vase renfermant de l'eau dans laquelle nous ferons plonger le cylindre A. L'équilibre sera détruit et la balance inclinera du côté du plateau R. Le résultat est dû à la poussée du liquide qui, ainsi que nous l'avons vu, agit en sens contraire de la pesanteur. En effet, versons de l'eau dans le cylindre B. Peu à peu, le fléau tendra à reprendre sa position primitive, il sera horizontal lorsque le cylindre B sera plein. Ce qui montre qu'il a fallu, pour détruire la poussée du liquide, un poids d'eau égal à celui qui remplit le cylindre B, ou ce qui revient au même, égal à celui qui a pour volume le cylindre A.

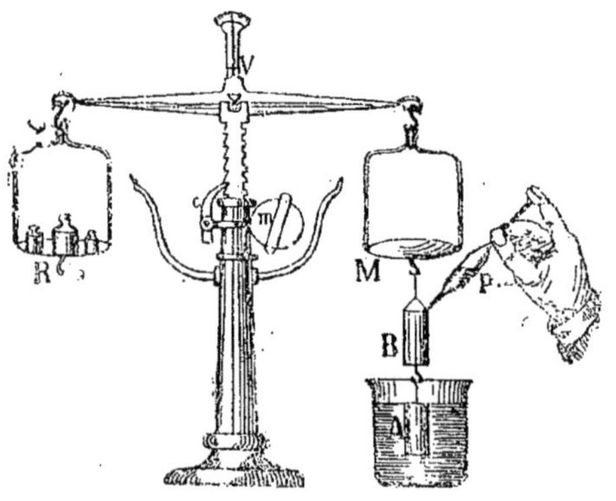

Fig. 17.

Poids apparent. — Un corps plongé dans un liquide est ainsi soumis à deux forces, l'une verticale et de haut en bas, qui est son poids, et l'autre verticale et de bas en haut, qui est la poussée, égale au poids du volume de liquide déplacé.

Ces deux forces peuvent se présenter dans trois états de grandeur relative ;

1° Le poids est supérieur a la poussée. — Dans ce cas, le corps est entraîné vers le fond du liquide. C'est ce qui arrive si on jette dans l'eau un morceau de plomb ou de fer.

2° Le poids est égal a la poussée. — Le corps se tient en équilibre dans le liquide à n'importe quelle hauteur.

3° Le poids est inférieur a la poussée. — Le corps remonte à la surface et flotte. C'est cequi se passe avec un morceau de bois ou de liège.

La condition d'équilibre d'un corps flottant est que *le poids du liquide déplacé soit égal au poids total du corps flottant.*

On peut reproduire aisément les effets de suspension, d'immersion ou de flottaison au moyen de l'appareil appelé *ludion.*

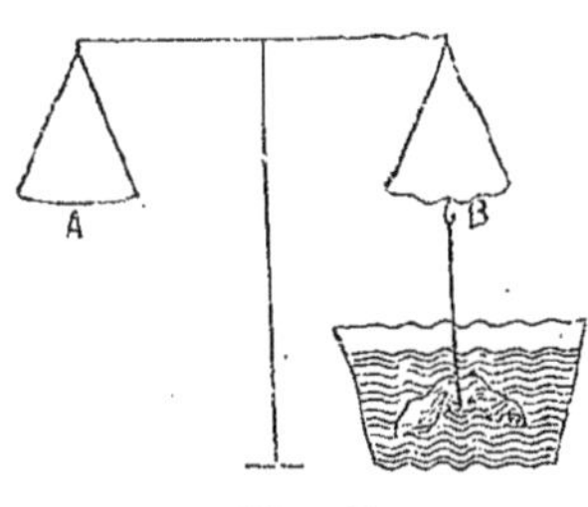

Fig. 18.

Détermination du volume d'un corps par le principe d'Archimède. — Supposons qu'il s'agisse de déterminer le volume d'un corps. On suspendra ce corps par un fil au-dessous du plateau B d'une balance, et on lui fera équilibre dans l'autre plateau A avec une tare. Puis on approchera un vase plein du liquide choisi. Admettons que ce liquide soit de l'eau, on soulèvera le vase de façon que le corps soit complètement immergé. L'équilibre sera détruit. Pour le rétablir, il faudra ajouter des poids marqués sur le plateau B. Ces poids représenteront le poids d'un volume d'eau égal au volume du corps. Soit n le nombre de grammes ainsi placés en B, le volume du corps est de n centimètres cubes.

CHAPITRE III

POIDS SPÉCIFIQUES OU DENSITÉS

Sous le même volume, les corps ont des poids différents. — On dit souvent, dans le langage ordinaire, que tel corps est plus lourd que tel autre, par exemple que le plomb est plus lourd que le fer, le mercure plus lourd que l'eau. Il faut évidemment entendre par là que si l'on prend des *volumes égaux* des deux corps, l'un pèse plus que l'autre.

Poids spécifique ou densité. — Pour comparer les différents corps on pèse un égal volume de ces corps. Mais au lieu d'opérer sur un volume quelconque, il est préférable d'employer pour chacun des corps un volume égal à l'unité. On obtiendra ainsi le *poids de chacun des corps* sous *l'unité de volume* ou leur *poids spécifique.*

Dans notre système de poids et mesures, où l'unité de poids est le poids de l'unité de volume de l'eau (voir définition du gramme), le poids spécifique de l'eau sera représenté par 1. Soit p le poids spécifique ou poids de l'unité de volume d'un corps. Si l'on veut connaître le poids P d'un volume V de ce corps, on aura évidemment.

$$P = V \times p$$

puisque le volume V pèsera V fois plus que le volume 1. On remarquera de plus que si le volume V est exprimé en centimètres cubes, le poids P sera donné en grammes.

Dans le langage scientifique, le mot *densité* n'a pas la même signification que celui de *poids spécifique*. Néanmoins, on peut les employer l'un pour l'autre en entendant que si un corps a un poids spécifique plus élevé qu'un autre corps, c'est que la matière qui le compose est plus serrée, plus compacte, plus *dense* que dans le second.

Autre définition du poids spécifique. — Soit un corps dont le poids spécifique est p. Considérons un volume V de ce corps. Le poids P de ce volume sera, comme nous le savons :

$$P = V \times p \ (1).$$

Considérons le même volume d'eau V et soit P' le poids de ce volume d'eau. On a

$$P' = V \qquad \text{(le poids spécifique de l'eau} = 1)$$

On peut donc, dans la formule (1), remplacer V par son égal P' et écrire :

$$P = P' \times p, \text{ d'où } p = \frac{P}{P'}.$$

Ce qui se traduit en langage ordinaire par l'énoncé suivant : *Le poids spécifique est le rapport entre le poids d'un certain volume du corps et le poids du même volume d'eau.* Il exprime donc combien de fois, à volume égal, le corps pèse plus que l'eau.

Détermination du poids spécifique d'un corps. — Il résulte de la définition donnée au paragraphe précédent que pour déterminer le poids spécifique d'un corps, deux éléments sont nécessaires :

1° Le poids d'un volume donné de ce corps, que la balance fournit par double pesée ;

2° Le poids du même volume d'eau, qu'on mesure par application du principe d'Archimède.

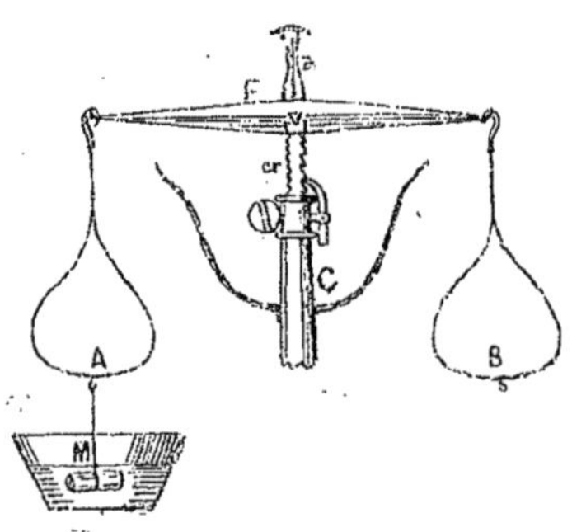

Fig. 19.

A). **Corps solides.** — 1° MÉTHODE DE LA BALANCE HYDROSTATIQUE. — Le fléau étant soulevé, on suspend au-dessous du plateau A le corps dont on cherche le poids spécifique et on fait équilibre avec une tare dans le plateau B. Puis on enlève le corps M et on fait équilibre avec des poids marqués. On a ainsi le poids P du corps M. — On enlève les poids marqués et l'on replace le corps M sous le plateau A en disposant au-dessous un vase avec de l'eau. On descend la crémaillère de façon à faire plonger le corps M dans le liquide. L'équilibre est détruit ; on le rétablit en ajoutant des poids marqués dans le plateau A. Soit P' leur somme ; c'est le poids d'un volume d'eau égal à celui du corps. Donc le poids spécifique cherché est $p = \frac{P}{P'}$.

2° Méthode du flacon. — On emploie un flacon dont le bouchon est creux et surmonté d'un tube de petit diamètre terminé par un entonnoir. On remplit le flacon d'eau distillée jusqu'à un repère *a* tracé sur le tube.

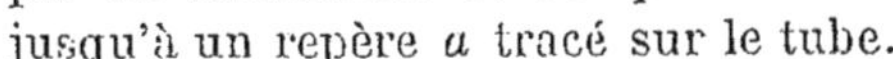

Fig. 20.

Le flacon ainsi préparé est placé avec le corps sur le plateau A d'une balance ; on fait la tare dans l'autre plateau B. Puis on enlève le corps et on le remplace, sans toucher au flacon, par des poids marqués qui donnent le poids P du corps.

On enlève alors le flacon et les poids ; on introduit le corps dans le flacon qu'on achève de remplir avec de l'eau jusqu'en *a* en procédant comme précédemment. On replace le flacon ainsi disposé sur le plateau A sans toucher à la tare faite en B. L'équilibre n'a plus lieu, puisque le corps a pris dans le flacon le poids d'un égal volume d'eau. On le rétablira en mettant sur le plateau A des poids marqués P' qui représentent le poids de ce volume d'eau. Le poids spécifique cherché est encore $\frac{P}{P'}$.

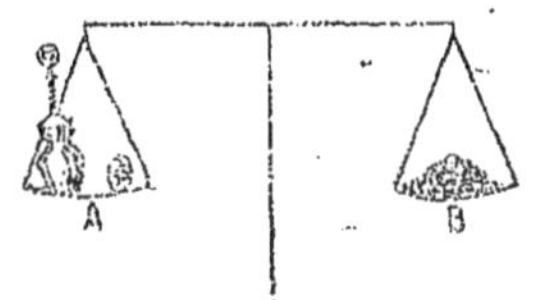

Fig. 21.

3° Méthode de l'aréomètre de Nicholson. — On met sur le plateau *b* d'un aréomètre, un morceau du corps dont on veut déterminer la densité, insuffisant pour faire plonger l'appareil jusqu'en *a*, et on obtient l'affleurement en ce point en ajoutant de la tare. Ceci fait, on enlève le corps et, sans toucher à la tare, on le remplace par des poids marqués en nombre tel que l'affleurement se reproduise en *a*. Soit P l'ensemble de ces poids. Puisque l'appareil flotte dans les mêmes conditions, c'est que son poids total n'a pas changé. Le poids du corps est donc P. On enlève les poids marqués et on place le corps dans le panier inférieur *c*. L'affleurement n'a plus lieu en raison de la poussée du liquide sur le corps. On le rétablit au moyen de poids marqués P' qui donnent la valeur de la poussée ou le poids du volume de liquide déplacé. $\frac{P}{P'}$ est le poids spécifique cherché.

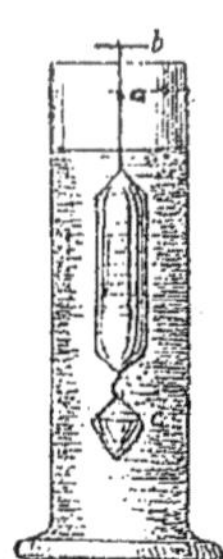

Fig. 22.

B). Corps liquides. — Les trois mêmes méthodes légèrement modifiées sont employées pour les corps liquides,

1° Méthode de la balance hydrostatique. — On suspend sous le plateau A une boule de verre, on fait la tare dans le plateau B, puis, abaissant la crémaillère, on plonge la boule dans le liquide dont on cherche la densité. Le poids P qu'il faudra mettre en A pour rétablir l'équilibre est égal au poids d'un volume du liquide égal à celui de la boule. On relève la crémaillère, on essuie la boule, on enlève les poids placés en A, et on recommence la même expérience en plongeant la boule dans l'eau. Les poids P' nécessaires au rétablissement de l'équilibre représentent le poids d'un volume d'eau égal à celui du corps M. Donc P et P' sont les poids de volume égaux du liquide et d'eau. La densité du liquide est $\frac{P}{P'}$.

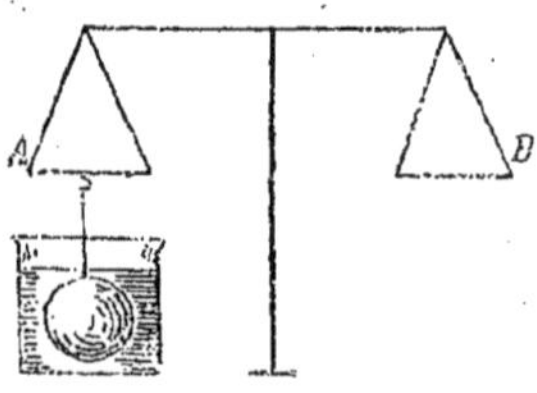

Fig. 23.

2° Méthode du flacon. — On place le flacon plein du liquide jusqu'au repère *a* sur le plateau *b* et on le tare ; puis on le vide et on le remet sur le même plateau. On ajoute les poids P nécessaires au rétablissement de l'équilibre. C'est le poids d'un volume de liquide égal à celui du flacon. Après nettoyage du flacon, on le remplit d'eau distillée et on le met de nouveau sur le plateau A et on fait la tare. On le vide une seconde fois et on établit l'équilibre au moyen de poids marqués P'. P' est le poids d'un volume d'eau égal à celui du flacon. Le poids spécifique cherché est donc $\frac{P}{P'}$.

3° Méthode de l'aréomètre de Fahrenheit. — L'aréomètre employé pour les liquides est un cylindre en verre, lesté à sa partie inférieure par une boule remplie de mercure : il est muni d'un plateau supérieur *p* et d'un point d'affleurement *a*.

Il est nécessaire de connaître son poids, ce qu'on obtient par une pesée préalable, soit Q. On le plonge dans le liquide et on ajoute des poids marqués en *p* jusqu'à affleurement de l'appareil en *a*. Puisque l'appareil flotte, si on désigne par V son poids total actuel P + Q est égal au poids d'un volume V du liquide déplacé. On retire l'aréomètre, on l'essuie et on le plonge dans l'eau. Pour amener l'affleurement en *a*, il faut des poids en quantité différente, soit P'. Pour la même raison, P' + Q est le poids du volume V d'eau. P + Q et P' + Q étant les poids de volumes égaux du liquide et d'eau, la densité du liquide est $\frac{P + Q}{P' + Q}$

Fig. 24

Aréomètre à poids constant. — On a souvent besoin, dans l'industrie, de connaître non pas la densité d'un liquide, mais son degré de concentration par comparaison avec un liquide type. On emploie pour cela d'autres aréomètres dits à *volume variable* et à *poids constant*. Ils se divisent en deux catégories suivant qu'ils doivent être employés pour les liquides plus denses ou moins denses que l'eau. Leur graduation est purement conventionnelle et leurs indications relatives.

Les aréomètres employés pour les liquides plus denses que l'eau sont dits pèse-acides, pèse-sels. Plongés dans l'eau pure, ils enfoncent jusqu'en 0 : dans un liquide plus dense que l'eau, ils émergent plus ou moins suivant que le liquide est plus ou moins dense.

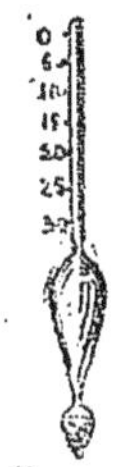

Fig. 25

Voici quel peut être l'usage de l'instrument. On a par exemple remarqué que dans l'acide sulfurique, amené à son maximum de concentration commerciale, l'appareil affleure à la division 66. Lorsqu'on voudra plus tard s'assurer si de l'acide en cours de fabrication est arrivé au même degré de concentration, on y plongera l'aréomètre. Si l'acide renferme encore une trop grande quantité d'eau, le liquide sera plus léger, l'aréomètre plongera davantage et la division d'affleurement sera un nombre inférieur à 66. On poussera alors la concentration jusqu'à ce qu'on obtienne l'affleurement à la division 66.

Les aréomètres pour les liquides moins denses que l'eau, dits pèse-esprits ou pèse-alcools, sont construits de façon que la tige émerge presque complètement dans l'eau pure.

C'est sur ce principe qu'est construit l'*alcoomètre centésimal* de Gay-Lussac, qui donne le pourcentage en volume d'alcool d'une combinaison d'alcool et d'eau. Pour le graduer, on le plonge successivement dans des dissolutions renfermant 10 p. 100, 20 p. 100 d'alcool. On marque 10, 20, etc., en regard des points d'affleurement, le 0 correspondant à l'eau pure et le 100 à l'alcool absolu. Quand on veut connaître la richesse alcoolique d'une liqueur, on y introduit l'appareil et la marque faite indique le nombre p. 100 de volumes d'alcool qu'elle contient.

Fig. 26

CHAPITRE IV

DES GAZ : PRESSION ATMOSPHÉRIQUE. — BAROMÈTRE. — MANOMÈTRES.

Propriétés générales des gaz. — Les gaz sont caractérisés par deux propriétés essentielles : la *mobilité* et la *compressibilité*.

En outre, ils sont pesants.— C'est Galilée qui l'a montré par l'expérience suivante. Un ballon de grande capacité et dans lequel on a fait le vide est suspendu sous l'un des plateaux d'une balance. On lui fait équilibre avec une tare placée dans l'autre plateau; puis on ouvre le robinet. L'air pénètre dans le ballon qu'il emplit, l'équilibre est détruit; le fléau s'incline du côté du ballon en raison du poids de l'air qui s'y est introduit.

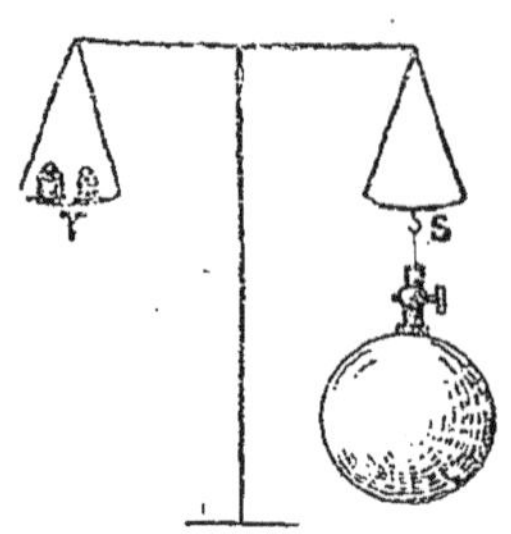

Fig. 27.

Pression atmosphérique. — Puisque les gaz sont mobiles et pesants comme les liquides, tous les principes exposés plus haut peuvent être énoncés de nouveau. Ainsi, il est encore exact que, lorsqu'on exerce une pression sur un gaz, cette pression se transmet dans tous les sens et proportionnellement à la surface pressée.

La pression atmosphérique sur une surface donnée est égale au poids d'une colonne d'air ayant pour base cette surface et pour hauteur celle de l'atmosphère.

On démontre l'existence de cette pression par les deux expériences classiques suivantes.

1° Hémisphères de Magdebourg. — Deux calottes hémisphériques en cuivre A et B sont terminées par des bords C et D bien dressés, qui s'appliquent l'un contre l'autre après interposition d'une rondelle en cuir graissé. Les deux hémisphères étant réunis, on n'éprouve aucune difficulté à les séparer. Mais si, les ayant rapprochés, on fait le vide à l'intérieur, puis en fermant le robinet r, on cherche de nouveau à les séparer, on n'y parvient qu'au moyen d'efforts considérables qui deviennent inutiles si, ouvrant le robinet r, on laisse de nouveau pénétrer l'air dans la sphère. Les résultats sont faciles à expliquer : lorsque le vide existe dans la sphère, la pression atmosphérique qui agit dans tous les sens sur la surface des deux hémisphères n'est plus équilibrée par une pression égale s'exerçant à l'intérieur. On a donc à la vaincre pour séparer les deux calottes.

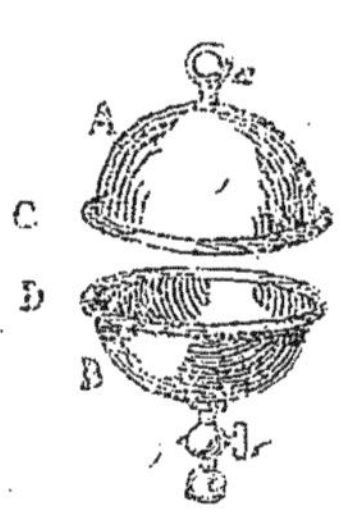

Fig. 28.

2° Crève-vessie. — Soit un cylindre en verre A ouvert à ses deux extrémités. On dispose en B une membrane mouillée que l'on fixe avec un cordon. La membrane sèche et se tend, puis on place l'appareil ainsi disposé sur le plateau P d'une machine pneumatique (page 23). La membrane qui, au commencement de l'expérience, était plane, se courbe vers l'intérieur du

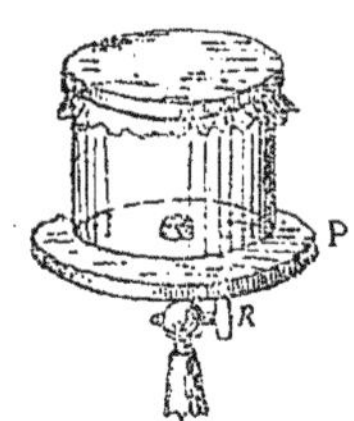

Fig. 29.

vase sous la pression atmosphérique au fur et à mesure que le vide se produit au-dessous ; elle finit par crever avec fracas, dû à la brusque rentrée de l'air.

Expérience de Torricelli. — C'est Torricelli qui le premier a mis en évidence l'existence de la pression atmosphérique par une expérience mémorable.

Un tube cylindrique A, de $0^m,90$ à 1^m de longueur, fermé à l'une des extrémités est rempli de mercure. Puis, bouchant l'ouverture avec le doigt, on le retourne sur une cuve à mercure et on enlève le doigt. Le mercure descend un peu et se maintient dans le tube à une hauteur de 76 centimètres environ au-dessus du niveau dans la cuvette. La suspension du liquide dans le tube est évidemment produite par la pression atmosphérique qui s'exerce sur le mercure de la cuvette et est transmise par le liquide.

Pascal vérifia, en effet, qu'il existait une différence de hauteur de 3 à 4 millimètres entre les colonnes de deux instruments, l'un au bas, l'autre au sommet de la Tour Saint-Jacques à Paris.

Fig. 30.

Pression atmosphérique sur un centimètre carré. — Pour une surface de 1 centimètre carré, le poids en grammes de la colonne mercurielle est de 13 gr. 6 $\times$ 76 $=$ 1033 gr. L'atmosphère exerce donc sur chaque centimètre carré une pression de 1 kg. 033, poids d'une colonne d'eau de $10^m,33$. C'est ce qu'on entend par *pression d'une atmosphère.*

Baromètre. — L'observation suivie d'un tube de Torricelli montre que la hauteur du liquide soulevée éprouve des variations. Pour étudier et mesurer ces changements, il suffit de munir l'appareil de Torricelli d'une échelle graduée qui permette, par une simple lecture, d'avoir la valeur actuelle de la pression. Les appareils ainsi constitués, destinés à la mesure de la pression atmosphérique, sont appelés des *baromètres.*

Fig. 31.

Baromètre à cuvette. — Le baromètre à cuvette n'est autre qu'un tube de Torricelli, d'environ 80 centimètres de hauteur et de 1 centimètre de diamètre plongeant dans une cuvette et fixé sur une planchette où se trouve une échelle en millimètres dont le zéro correspond au niveau de la cuvette.

Une condition essentielle du bon fonctionnement de l'appareil, c'est que le mercure soit bien débarrassé de toute trace d'air ou d'humidité. Aussi prend-on, pour le remplissage, quelques précautions de plus que dans l'expérience de Torricelli. Après avoir lavé, desséché et rempli le tube de mercure, on le place, l'extrémité ouverte en haut, sur une grille inclinée et on le chauffe sur toute sa longueur avec des charbons de bois allumés. Puis on laisse refroidir en fermant l'ouverture avec le doigt, on transporte le tube sur la cuvette en le fixant dans une position bien verticale.

Baromètre à siphon. — Afin de donner à l'appareil un moindre poids et de le rendre plus facilement transportable en détruisant les chances de rentrée de l'air, on construit un autre modèle de baromètre ne comportant pas de cuvette et appelé *baromètre à siphon.* C'est un tube recourbé ABC, fermé en A et ouvert en C, et rempli de mercure comme dans le cas précédent. La pression atmosphérique qui s'exerce en E est mesurée par une colonne de mercure DP dont la hauteur est égale à la différence de niveau entre les deux branches. Comme lorsque le liquide monte dans l'une des branches, il descend dans l'autre, on ne peut employer une graduation dont le zéro serait en regard du niveau variable de la petite branche. Le zéro est alors placé vers le milieu de la grande branche, et la hauteur barométrique est donné par la somme des distances OP et OD du zéro aux niveaux dans les deux branches.

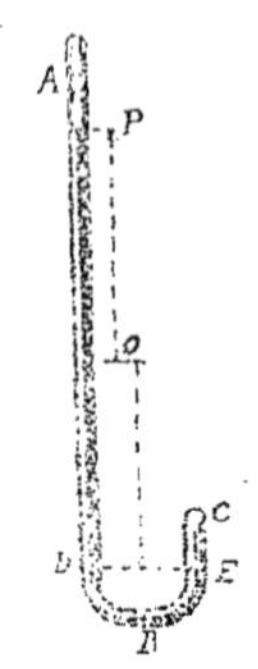

Fig. 32.

Baromètre à cadran. — Pour rendre plus commode la lecture des indications de l'appareil, on dispose au-dessus du mercure en E un cylindre en fer K qui flotte sur le liquide et est rélié à un contrepoids par un cordon s'enroulant sur une poulie. A l'axe de la poulie est fixée une aiguille qui tourne en même temps que la poulie en se déplaçant devant un cadran. L'appareil est gradué par comparaison avec un baromètre à échelle.

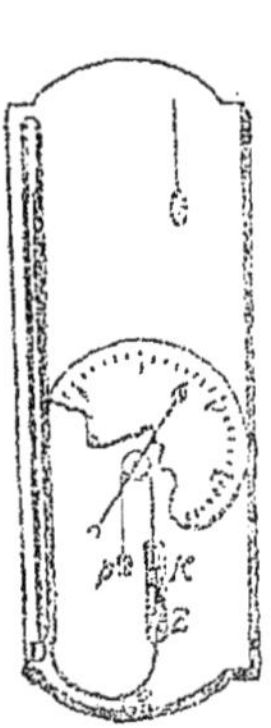

Fig. 33.

Baromètre métallique. — Le principe est le suivant. Une aiguille est reliée aux deux extrémités d'un tube en laiton flexible (à section elliptique) dans lequel on a fait le vide. Si la pression atmosphérique augmente, les deux extrémités du tube tendent à se rapprocher et la partie supérieure de l'aiguille tourne vers la droite ; l'inverse a lieu sous l'influence d'une diminution de pression. L'aiguille se meut en regard d'un cadran et l'appareil est gradué par comparaison avec un baromètre à mercure.

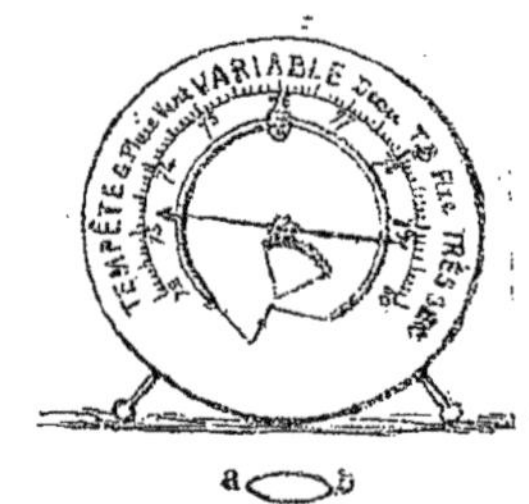

Fig. 34.

Usages du baromètre. — En dehors de son emploi pour la mesure de la pression atmosphérique, le baromètre est utilisé pour deux autres usages.

1° POUR LA PRÉVISION DU TEMPS, l'expérience ayant appris que, dans nos régions, le baromètre est haut par un temps sec et qu'il baisse par un temps pluvieux. D'ailleurs les indications du baromètre ne sont que des *probabilités*, souvent confirmées par les faits.

2° POUR LA MESURE DES HAUTEURS. Par suite de la pression des couches supérieures, l'air qui nous entoure est un peu plus dense que celui des régions élevées de l'atmosphère. Mais si l'on admet que l'air garde partout la même densité, il est logique de déduire des indications barométriques une mesure des hauteurs. On calcule en effet facilement que le baromètre baisse d'1 mm. chaque fois qu'on s'élève de 10 m. Cette approximation cesse d'être exacte pour les hauteurs considérables comme celles auxquelles s'élèvent les aviateurs.

Principe d'Archimède appliqué aux gaz. — Tout corps plongé dans un gaz éprouve de la part de celui-ci une poussée verticale de bas en haut égale au poids du gaz déplacé.

On le démontre expérimentalement au moyen du *baroscope*. Un fléau de balance porte à l'une de ses extrémités A une boule creuse et de grand volume et à l'autre extrémité B une boule pleine de petit volume. Les deux boules se font équilibre dans l'air. Mais si on place l'instrument sous une cloche et qu'on fasse le vide, le fléau penche du côté de la grosse boule qui réellement est plus lourde que l'autre, mais qui, dans l'air, éprouvait une poussée supérieure à celle qui s'exerçait sur la petite.

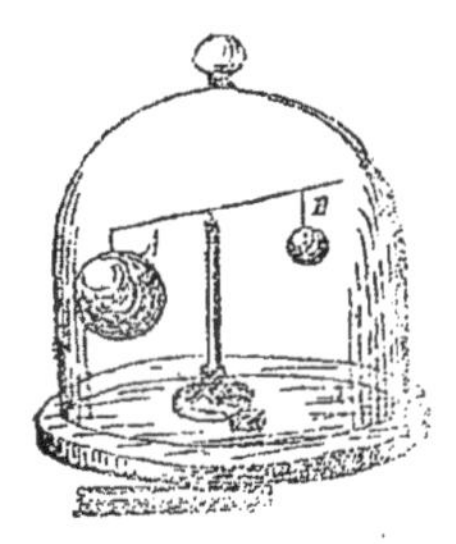

Fig. 35.

Aérostats. — Si on remplit d'hydrogène, gaz bien plus léger que l'air, un grand ballon en taffetas verni, il sera soumis à deux forces, le poids et la poussée (comme les corps flottants). Or, l'hydrogène étant environ 14 fois plus léger que l'air, la poussée est de beaucoup supérieure au poids et le ballon montera sous l'influence d'une force égale à la différence entre la poussée et le poids, et qu'on appelle *force ascensionnelle*.

Compressibilité et expansibilité des gaz. — Tandis que les liquides sont à peu près incompressibles, les gaz tendent à occuper immédiatement *tout* le volume qui leur est offert et le remplissent. Inversement on peut, en exerçant sur eux une compression, réduire le volume qu'ils occupent.

On nomme *force élastique* l'effort que fait un gaz pour occuper un volume plus grand. Lorsque le gaz est en équilibre, c'est que sa force élastique est égale à la pression extérieure qu'on développe pour obtenir l'invariabilité du volume. De là l'emploi indifférent et l'un pour l'autre des deux expressions force élastique ou pression d'un gaz.

Expériences qui démontrent la compressibilité et l'expansibilité des gaz. — Expérience du *briquet à air*. Un tube en verre épais fermé à l'une de ses extrémités est rempli d'air. On y introduit un piston *p* le bouchant hermétiquement et qui emprisonne dans le tube l'air qui s'y trouve. En pressant sur le piston on peut réduire de plus en plus le volume de l'air. Cette compression est accompagnée d'un échauffement suffisant pour enflammer un morceau d'amadou, d'où le nom de l'instrument.

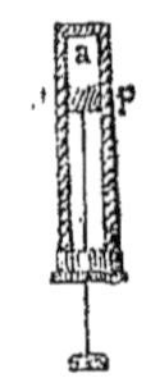

Fig. 36.

La même expérience montre que les gaz sont expansibles. En effet, cessons d'exercer une pression sur la tige du piston, celui-ci est vivement repoussé et le gaz, sous l'influence de la force élastique, reprend son volume primitif.

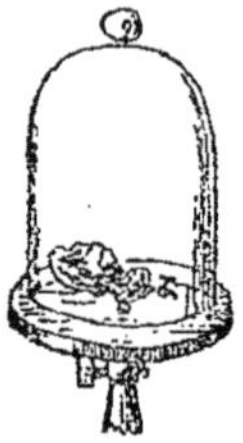

Fig. 37.

Une autre expérience permet de faire les mêmes vérifications. Une vessie presque dégonflée de manière à en chasser la plus grande partie de l'air est nouée avec un cordon. On la place sous une cloche dans laquelle on fait le vide avec la machine pneumatique. Dès les premiers coups de piston, on voit la vessie se gonfler, la force élastique de l'air qu'elle renferme devenant supérieure à la pression existant à l'intérieur de la cloche. En laissant rentrer l'air dans la cloche, la vessie se comprime de nouveau.

Loi de Mariotte. — A une même température *la force élastique d'une masse gazeuse varie en raison inverse du volume qu'elle occupe.* — Or, en vertu d'une remarque précédente, lorsque le gaz est en équilibre, c'est que sa force élastique est égale à la pression exercée sur lui.

On peut donc dire aussi :

A une même température, *les volumes occupés par une masse gazeuse varient en raison inverse des pressions qu'elle supporte.* — Si une masse gazeuse occupe sous une certaine pression un certain volume, il faudra lui faire subir une pression double pour réduire son volume à la moitié, etc.

Vérification expérimentale de la loi Mariotte. — Dans un tube à siphon formé de deux branches inégales, dont la grande est ouverte et la petite fermée, on verse du mercure par la grande branche de manière que le niveau du liquide dans les deux branches soit dans un même plan horizontal. On emprisonne ainsi dans la petite branche une colonne d'air de longueur AB, dont la force élastique est égale à la pression atmosphérique qui s'exerce en C, puisque le mercure est à la même hauteur dans les deux branches. Puis on verse du mercure dans la grande branche jusqu'à ce que, refoulé dans la petite, le mercure monte en un point D tel que DB, soit la moitié de AB. On a ainsi réduit de moitié le volume de l'air. Sa

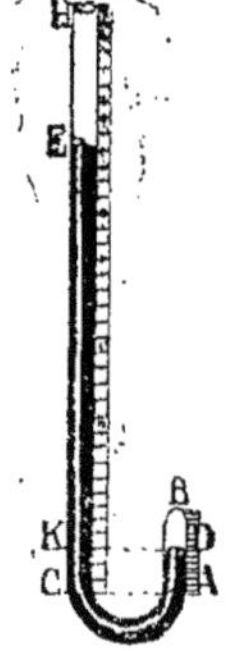

Fig. 38.

force élastique, d'après la loi de Mariotte, doit être devenue double. Or cette force élastique contrebalance la pression qui s'exerce sur le mercure en K, dans le plan horizontal passant par D. Celle-ci est égale à la pression barométrique augmentée du poids de la colonne de mercure KE, laquelle vaut une atmosphère, ce qui vérifie la loi de Mariotte.

Si le tube est assez long, on peut continuer la vérification en réduisant le volume au tiers de sa valeur primitive, et ainsi de suite.

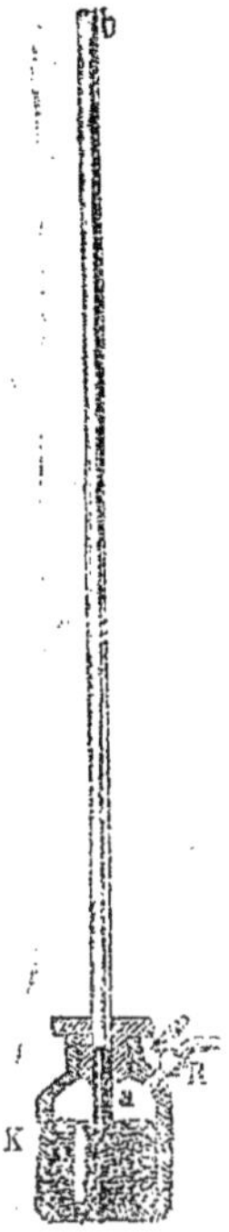

Manomètres. — Les manomètres sont des appareils ayant pour but de faire connaître la valeur de la force élastique d'un gaz enfermé dans une enceinte.

1o Manomètre à air libre. — Un tube *ab*, ouvert à ses deux extrémités, plonge dans une cuvette remplie de mercure. La cuvette ainsi que la partie inférieure du tube sont enfermées dans une boîte métallique K hermétiquement close et munie d'un canal avec un robinet R. Si l'on ouvre le robinet R, on met la boîte K en communication avec l'atmosphère, le mercure est dans le tube au même niveau que dans la cuvette ; mais si on met le canal de K en communication avec une enceinte renfermant un gaz comprimé, en ouvrant le robinet R, on constatera une ascension du mercure dans le tube. Supposons que cette ascension soit de 76 centimètres. Il est facile d'en déduire la force élastique du gaz comprimé. Cette force élastique est égale à la pression qui s'exerce sur le mercure du tube dans le plan horizontal passant par le niveau de la cuvette. Or cette pression se compose de la pression atmosphérique qui s'exerce à la surface libre, plus la pression d'une colonne de mercure de 76 centimètres. C'est donc une pression de 2 atmosphères. Chaque fois que le mercure s'élèvera de 76 centimètres, cela indiquera une augmentation de pression d'une atmosphère.

Fig. 39.

2o Manomètre à air comprimé. — Un tube R*t*, fermé à l'une de ses extrémités, contient de l'air isolé par une certaine quantité de mercure. La branche ouverte porte un robinet R. Comme dans le cas précédent, lorsqu'une pression s'exerce sur le mercure, ce liquide monte dans le tube *t*, mais en comprimant l'air qui y est renfermé. En sorte qu'il s'établit un équilibre entre la force élastique à mesurer d'une part et la pression de l'air comprimé en *t* augmentée de la pression de la colonne de mercure d'autre part. Pour mesurer une force élastique donnée, il faut donc une moindre hauteur

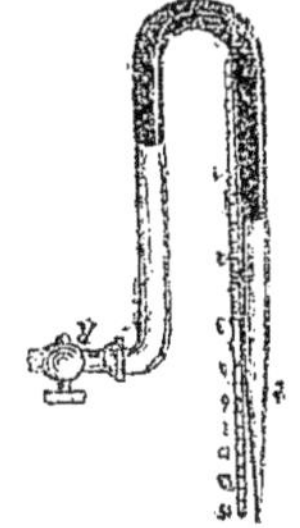

Fig. 40.

de mercure que dans le manomètre à air libre ; mais l'appareil est moins sensible.

Ce manomètre se gradue par comparaison avec un manomètre à air libre.

3° **Manomètre métallique**. — Un tube mince en cuivre de section elliptique *cb* est fixé à l'une de ses extrémités et terminé par un robinet R. L'autre extrémité fermée est liée à une aiguille *ba* dont l'extrémité supérieure *a* peut se déplacer devant un cadran. Si on met le robinet R en communication avec un récipient renfermant un gaz à une pression supérieure à la pression atmosphérique (2 atmosphères, 3, etc.) le tube tend à s'ouvrir et l'extrémité supérieure de l'aiguille se déplace vers la gauche. La graduation en atmosphères est obtenue par comparaison avec les indications d'un manomètre à air libre.

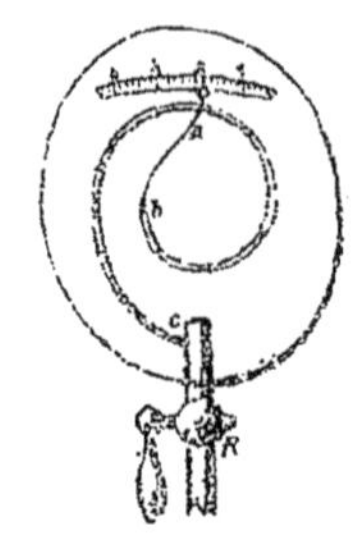

Fig. 41.

CHAPITRE V

DES GAZ (*suite*) : MACHINE PNEUMATIQUE. — POMPES

Machine pneumatique. — La machine pneumatique est un appareil destiné à faire le vide, c'est-à-dire à enlever d'un récipient l'air ou tout autre gaz qui y est renfermé.

La machine *théorique* se compose d'un cylindre ou corps de pompe C dans lequel peut se mouvoir un piston P, percé d'un canal que recouvre une soupape S s'ouvrant de bas en haut. Un conduit d'aspiration, dont l'extrémité en communication avec le corps de pompe est fermée par une soupape S' ouvrant dans le même sens que la soupape S, vient déboucher sur un plateau qu'on nomme « *la platine* », destiné à recevoir le récipient R dans lequel on veut faire le vide. Ce récipient est habituellement une cloche en verre dont on graisse les bords avec du suif pour empêcher toute communication avec l'extérieur.

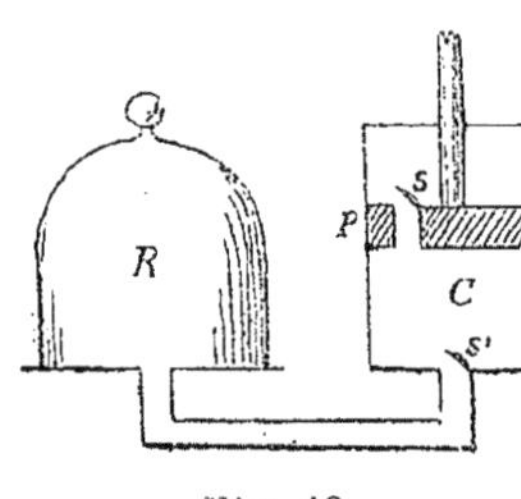

Fig. 42.

Fonctionnement de la machine. — Supposons le piston au bas de sa course et soulevons-le. La pression atmosphérique maintient la soupape S fermée. Mais l'air qui se trouve dans le récipient R tend à se répandre dans l'espace vide laissé par le piston ; sous l'action de la force élastique de cet air, la soupape S' s'ouvre ; en sorte que, quand le piston est en haut de sa course, on a fait occuper à l'air du récipient le volume plus considérable fourni par le récipient et le corps de pompe. Sa force élastique a donc diminué. A ce moment, si on laisse la machine en repos, la soupape S' se ferme par son propre poids. Si on abaisse le piston, l'air emprisonné dans le corps de pompe en C occupe un volume de plus en plus petit, sa force élastique devient de plus en plus grande et il arrive un moment où elle est supérieure à la pression atmosphérique. La soupape S s'ouvre alors, et cet air s'échappe à l'extérieur. Lorsque le piston arrive au bas du cylindre, la soupape S se referme d'elle-même, l'air emprisonné dans le corps de pompe étant parti, et l'on recommence la même manœuvre.

On extrait ainsi, à chaque ascension du piston, une partie de l'air du récipient pour l'expulser dans l'atmosphère par la descente du piston. Puisque à chaque opération, on n'enlève qu'une partie de l'air existant dans le récipient et non la totalité, le vide parfait n'est jamais obtenu.

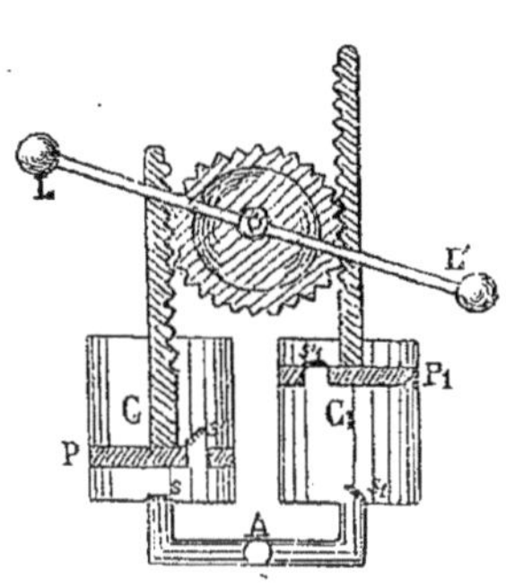

Fig. 43.

Machine à deux corps de pompe. — Les machines à un seul corps de pompe, du type de celle qui vient d'être décrite, ont un double inconvénient : elles ne font le vide que pendant la moitié de la manœuvre, pendant l'ascension du piston. De plus, elles sont très pénibles à actionner.

Pour remédier à ce double inconvénient, on a imaginé les machines à deux corps de pompe. Deux cylindres absolument semblables et dont les conduits se rejoignent en A pour se rendre au récipient forment les deux corps de pompe ; ils sont munis de pistons et de soupapes comme pour la machine simple. Mais la tige des pistons est garnie d'une crémaillère engrenant avec un pignon denté qu'on met en mouvement au moyen d'un levier LL' fixé à son axe. De la sorte, quand un piston monte, l'autre descend ; la raréfaction de l'air dans le récipient est donc continue et la pression atmosphérique qui s'exerce sur le piston descendant neutralise celle qui s'exerce sur le piston montant.

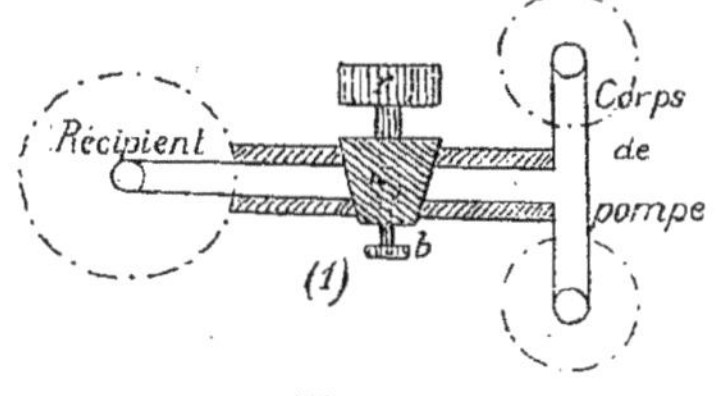

Fig. 44.

Accessoires de la machine. — *1° Clef.* — C'est un robinet percé d'un canal dans la forme ordinaire et ayant en plus un canal recourbé dont l'un des orifices est bouché par un bouchon métallique *b*, tandis que l'autre *a* vient déboucher dans un plan perpendiculaire à celui du canal principal.

On peut donner à la clef trois positions différentes (fig. 44, 45 et 46.)

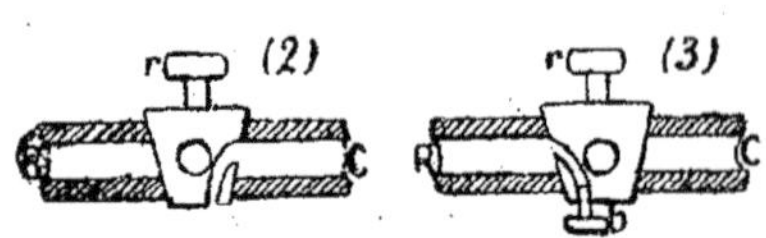

Fig. 45. Fig. 46.

Position (1). — Le canal ordinaire fait communiquer le récipient avec le corps de pompe ; le canal supplémentaire *b* n'est pas utilisé.

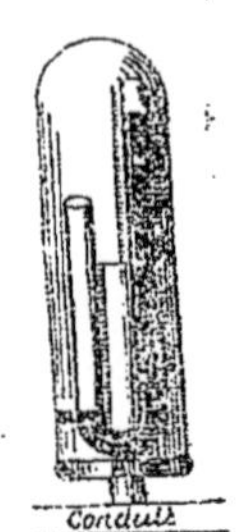

Fig. 47.

Position (2). — Le canal ordinaire ne sert pas ; en laissant *b* fermé, on isole le récipient du corps de pompe ; en débouchant *b*, on laisse rentrer l'air dans le récipient.

Position (3). — Même résultat que dans la position (2) en laissant *b* fermé ; en l'ouvrant, on fait rentrer l'air dans le corps de pompe.

2° *L'éprouvette* ou *manomètre* est une solide cloche en verre communiquant avec le canal d'aspiration et renfermant un tube de verre recourbé formé de deux branches inégales, l'une fermée, l'autre ouverte. La branche fermée est pleine de mercure qui ne remplit pas complètement la branche ouverte.

Lorsque la pression diminue dans le récipient, le mercure descend dans la branche fermée et monte dans la branche ouverte. Si l'on pouvait arriver au vide parfait, le mercure se tiendrait au même niveau dans les deux branches. Avec les meilleures machines, on constate qu'il subsiste toujours une différence de niveau d'un millimètre au moins.

Machine de compression. — Un piston plein se meut dans un corps de pompe. A la partie inférieure un canal est pratiqué portant deux soupapes, S et S', s'ouvrant de gauche à droite. Le récipient où l'on veut refouler de l'air est adapté à l'extrémité de droite, l'extrémité de gauche débouche dans l'atmosphère où on puise l'air. Le jeu de la machine est le suivant : si on soulève le piston, le vide se fait en C. La soupape S s'ouvre sous l'influence de la pression atmosphérique et le corps de pompe se remplit d'air.

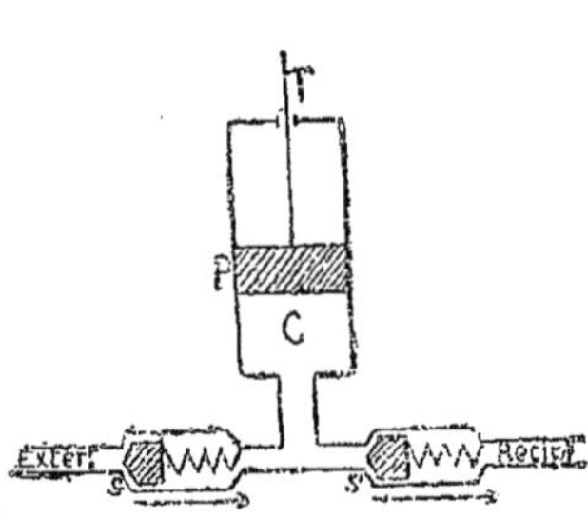

Fig. 48.

Dès que l'ascension est terminée, la soupape S se referme par l'action des ressorts qui la commandent. On baisse le piston ; l'air se comprime dans le corps de pompe et la soupape S' s'ouvre lorsque la force élastique de cet air devient supérieure à celle du gaz enfermé dans le récipient ; l'air pénètre dans le récipient, et ainsi de suite. C'est le principe des pompes à bicyclette.

Pompes. — Les pompes sont des appareils destinés soit à puiser l'eau dans un réservoir inférieur, soit à l'envoyer dans l'air avec une certaine vitesse. On distingue trois types principaux de pompes :

1° Les pompes *aspirantes*, qui élèvent l'eau ;

2° Les pompes *foulantes*, qui la chassent dans l'air avec vitesse ;

3° Les pompes *aspirantes* et *foulantes*, qui produisent simultanément les deux effets.

Pompe aspirante. — La pompe aspirante se compose d'un corps de pompe C muni d'un tuyau d'aspiration AB plongeant dans l'eau ; une soupape S s'ouvrant de bas en haut est placée à la partie inférieure du corps de pompe à sa jonction avec le canal d'aspiration. Un piston, muni d'un canal fermé par une soupape S' s'ouvrant dans le même sens, se meut dans le corps de pompe. Enfin, un ajutage D permet l'écoulement de l'eau.

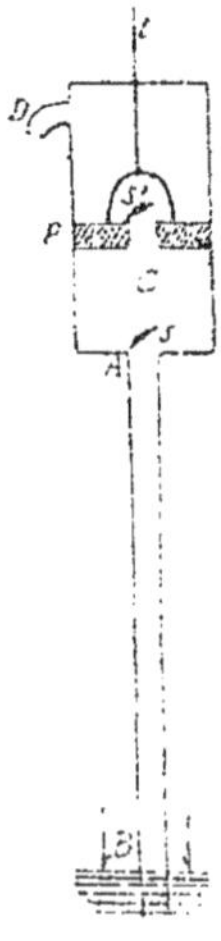

Fig. 49.

Supposons le piston au bas de sa course, et soulevons-le. Le vide se fait, la soupape S s'ouvre, l'air du canal se répand dans le corps de pompe et sa pression diminue. La pression atmosphérique s'exerçant à la surface libre de la nappe liquide, l'eau monte dans le tuyau d'aspiration. Le piston descendant, la soupape S se ferme, l'air introduit dans C est chassé dans l'atmosphère par l'ouverture de S'. La manœuvre recommence et produit une nouvelle ascension de l'eau. Enfin, après un certain nombre de coups de piston, l'eau sort du tuyau AB et pénètre dans le corps de pompe. A ce moment, si l'on descend le piston, la pression qui s'exerce sur l'eau ferme la poupape S et la soupape S' s'ouvre ; l'eau passe au-dessus du piston. Quand on remonte ensuite le piston, la soupape S' se ferme par suite du poids de l'eau placée au-dessus, et l'eau est chassée dans l'ajutage D. Pendant ce temps, le corps de pompe se remplit encore et la même série d'opérations se reproduira indéfiniment. Comme c'est la pression atmosphérique qui provoque l'ascension de l'eau dans le corps de pompe, et que cette pression est équilibrée par une colonne d'eau de 10^{m},33 (page 18), le tuyau d'aspiration ne doit pas avoir plus de 10^{m},33. Dans la pratique, on ne peut dépasser 8^{m}.

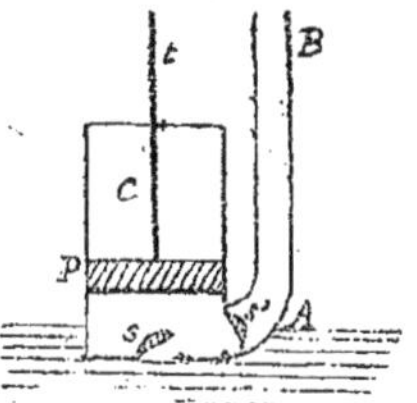

Fig. 50.

Pompe foulante. — Dans la pompe foulante, le piston est plein, et le corps de pompe plonge directement dans l'eau. Le canal d'écoulement est muni d'une soupape S' et le corps de pompe d'une soupape S, s'ouvrant l'une de gauche à droite, l'autre de bas en haut. Quand on soulève le piston, la soupape S s'ouvre et l'eau remplit le corps de pompe ; lorsqu'on l'abaisse, la compression ferme la soupape S et ouvre S', l'eau sort par le tuyau d'écoulement ; sa vitesse dépendra de l'effort qu'on développera sur le piston et de la dimension du tuyau d'écoulement. On pourra ainsi obtenir un jet qu'on lancera à une distance plus ou moins grande.

Pompe à incendie. — Elle est formée de deux pompes foulantes accouplées comme on l'a vu pour les pistons de la machine pneumatique.

Pompe aspirante et foulante. — Elle se compose d'un corps de pompe C dans lequel se meut un piston plein. Le tuyau d'aspiration est muni d'une soupape S semblable à celle de la pompe aspirante, et le tuyau d'écoulement d'une soupape S' analogue à celle de la pompe foulante. Lorsque le piston monte, la machine fonctionne comme une pompe aspirante; lorsqu'il descend, elle fonctionne comme une pompe foulante.

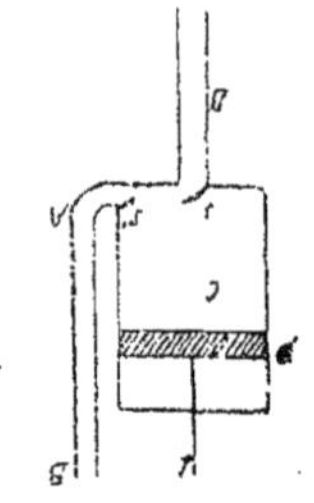

Fig. 51.

Siphon. — Le siphon est un instrument destiné à transvaser un liquide d'un vase dans un autre. Il se compose d'un tube en verre recourbé à deux branches inégales ABC. La petite branche plonge dans une cuvette D renfermant le liquide à transvaser, de l'eau par exemple. Si, par l'orifice C de la grande branche, on aspire l'eau de manière à remplir le siphon et qu'ensuite on abandonne l'appareil à lui-même, l'eau continuera à s'écouler. Ce résultat est dû à la pression atmosphérique.

Pour l'expliquer, considérons les pressions qui s'exercent sur les deux faces d'un molécule d'eau placée en B à la partie supérieure du siphon. De gauche à droite, elle subit une pression égale à la pression atmosphérique diminuée de celle due à une colonne d'eau de hauteur AE; elle est donc $10^m,33$-AE; de droite à gauche elle est de même $10^m,33$-CF. Or, comme CF est plus grand que AE, la première pression est supérieure à la seconde, et la molécule d'eau obéit à l'action de la plus forte pression, c'est-à-dire qu'elle est chassée vers l'extrémité C. Toutes les molécules qui la remplacent subissent la même action et l'écoulement une fois commencé continuera jusqu'à ce que le niveau du liquide soit le même dans les deux vases.

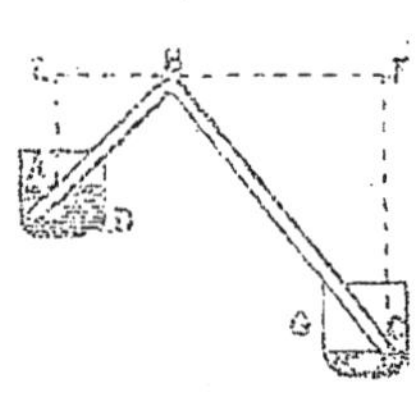

Fig. 52.

Diverses formes de siphon pour les liquides dangereux. — Lorsqu'il s'agit de liquides dangereux on donne au siphon une forme différente. Les deux branches sont munies de robinets R et R' et à la partie supérieure est disposé un orifice avec entonnoir qui peut être fermé par un bouchon A. On opère alors de la manière suivante. Les robinets R et R' étant fermés, on ouvre l'orifice et on y verse du liquide. Lorsque l'appareil est rempli, on referme l'orifice à l'aide du bouchon A, on plonge la petite branche dans la cuvette renfermant le liquide à transvaser et on ouvre les robinets R et R'. L'écoulement se produit alors comme avec un siphon ordinaire.

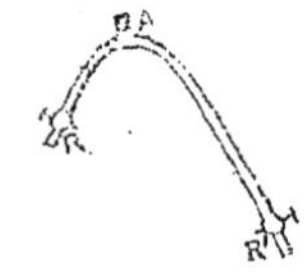

Fig. 53.

CHAPITRE VI

CHALEUR

DILATATIONS. — THERMOMÈTRES

Chaleur et froid. — Lorsqu'on touche un corps, on éprouve à son contact une sensation qu'on définit en disant que le corps est *chaud* ou qu'il est *froid*.

La chaleur, en agissant sur les corps, opère en eux des modifications.

1° Elle augmente leurs dimensions ou les *dilate*;

2° Elle change leur état physique en transformant les solides en liquides ou en vapeurs.

Dilatation des solides. — Pour démontrer la dilatation des solides sous l'influence de la chaleur on a recours aux expériences suivantes :

1° PYROMÈTRE A CADRAN. Une tringle métallique AB, solidement fixée à l'une de ses extrémités B, s'appuie par son extrémité libre A sur la petite branche *bo* d'un levier coudé *boa*, mobile autour de son axe *o ;* l'extrémité *a* de la grande branche se déplace en regard d'un cercle divisé. Sous la tringle, est disposé un réservoir *cd* renfermant de l'alcool. Au début de l'expérience, la tringle étant froide, l'aiguille *oa* est horizontale. Mais si on enflamme l'alcool contenu dans le réservoir, la barre s'échauffe, s'allonge et chasse devant elle la petite branche *bo* du levier tandis que la grande parcourt le cercle divisé.

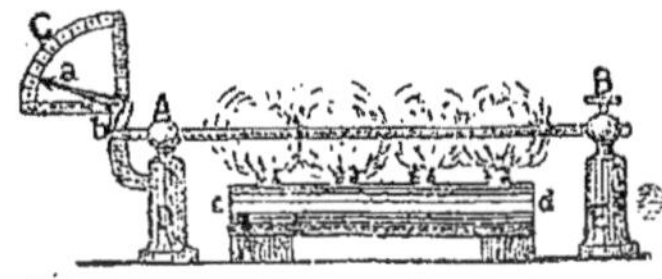

Fig. 54.

2° ANNEAU DE S'GRAVESANDE. Une sphère en métal *b*, suspendue par un fil à une potence, passe juste dans un anneau. Si on chauffe la boule, sans échauffer l'anneau, le passage n'a pas lieu; il se reproduit dès que la boule est revenue à sa température primitive.

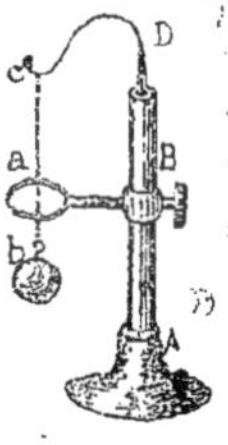

Fig. 55.

Dilatation des liquides. — Un ballon à long col est rempli d'un liquide coloré qui monte jusqu'en A par exemple. En le soumettant à l'action de la chaleur, on voit tout d'abord le liquide descendre légèrement dans le tube et remonter presque aussitôt beaucoup plus haut que A. Cela tient à ce que le vase s'est d'abord dilaté avant que le volume du liquide ait varié; puis l'action de la chaleur continuant à se faire sentir, le liquide s'est ensuite échauffé à son tour, et comme il est plus dilatable que le verre, l'effet final est une augmentation de son volume.

Fig. 56.

Dilatation des gaz. — Les gaz sont encore plus dilatables que les liquides. On le démontre à l'aide du dispositif suivant. Un gaz est enfermé dans un ballon B muni d'un tube dans lequel on met un index de mercure A pour séparer le gaz du ballon de l'air extérieur. Il suffit de prendre le ballon dans la main pour chasser fortement l'index de mercure vers l'extérieur, par suite de la dilatation du gaz.

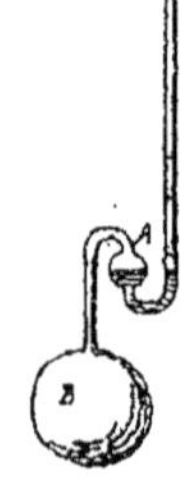

Fig. 57.

De la température. — La notion de température, que tout le monde possède, ne peut pas être définie d'une manière simple et précise. Mais les expériences qui précèdent ont montré qu'un corps qui s'échauffe se dilate et qu'un corps qui se refroidit se contracte, enfin qu'un corps qui reste à la même température ne change pas de volume. On peut donc, des observations faites sur le volume d'un corps, déduire une indication sur son état calorifique ou sa température. Il en résulte aussi que deux corps sont à la même température lorsque, mis en présence, leurs volumes ne subissent pas de changement.

Thermomètres. — Choix de la substance thermométrique. — Le thermomètre est un instrument qui sert à évaluer la température de milieux donnés par les variations qu'y subit dans son volume la substance dont il est formé.

Il importait donc de choisir comme substance thermométrique une substance dont les dilatations soient très appréciables.

Les solides, peu dilatables, les gaz, dont les variations de volume sont dues aussi bien à des variations de pression qu'à des variations de température, ne convenaient guère pour cet usage ; et la préférence a été donnée aux liquides. Parmi ces derniers, on emploie le mercure ou l'alcool dont la dilatation est régulière, et qui présentent cet avantage, le mercure de ne bouillir qu'à une température élevée (350° environ) l'alcool de ne se congeler que difficilement.

Fig. 58.

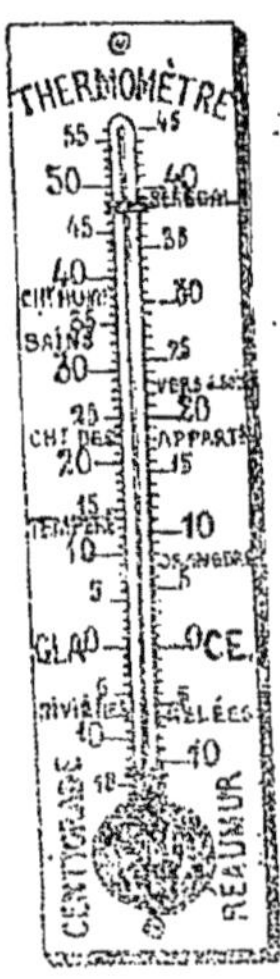

Fig. 59.

Construction du thermomètre. — Pour construire un thermomètre à mercure, on choisit un tube cylindrique très étroit.

L'une des extrémités est renflée pour former un petit réservoir R, à l'autre extrémité est placé un petit entonnoir A. On remplit cet entonnoir de mercure, et, pour faire descendre le liquide dans le tube, on chauffe légèrement le réservoir. L'air qu'il contient se dilate et s'échappe ;

en laissant refroidir l'appareil, l'air restant se contracte et le mercure descend. Après quelques opérations semblables, le réservoir R et une partie de la tige sont remplis. Avec le chalumeau, on ferme alors l'extrémité supérieure du tube, en la séparant en même temps de l'entonnoir A. Le mercure, en se refroidissant, se retire dans le réservoir.

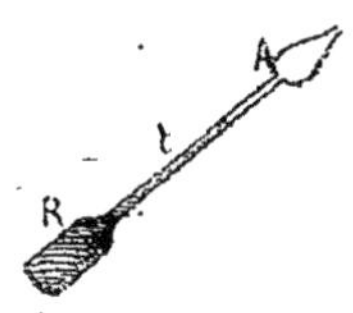

Fig. 60.

Il laisse ainsi dans le tube un espace vide.

Graduation du thermomètre. — On a adopté les règles suivantes, purement conventionnelles, pour déterminer l'échelle des températures.

On a d'abord fait choix de deux températures toujours les mêmes et faciles à reproduire, celle de la glace fondante et celle de l'eau bouillante à *la pression normale de 760* m/m. On convient de donner à la température de la glace fondante le nom de *zéro* et à celle de l'eau bouillante celui de *100*, et on partage l'intervalle en cent parties égales. On obtient ainsi l'échelle dite *centigrade*, dont chaque division s'appelle un *degré*.

Le *degré* est donc l'élévation de température nécessaire pour qu'un corps se dilate de la centième partie de la dilatation ; qu'il prend entre la température de la glace fondante et celle de l'eau bouillante à la pression normale.

Détermination des points fixes.

1° Détermination du zéro. Pour marquer la position du zéro, on plonge le thermomètre dans de la glace fondante, cassée en morceaux et placée dans un vase percé de trous, afin de permettre l'écoulement de l'eau provenant de la fusion.

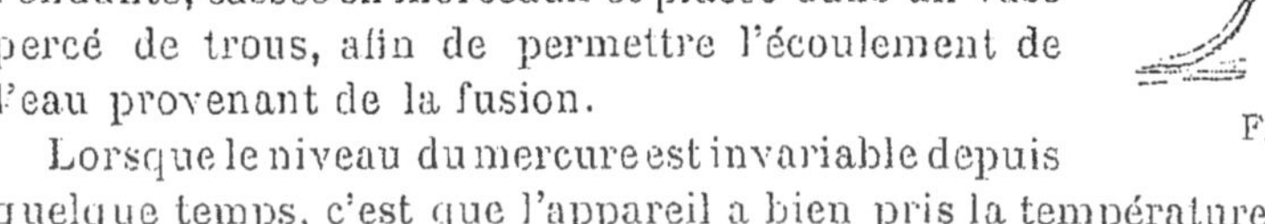

Fig. 61.

Lorsque le niveau du mercure est invariable depuis quelque temps, c'est que l'appareil a bien pris la température de la glace fondante, et on trace un trait au diamant, en regard du niveau du mercure.

2° Détermination du point 100. Pour obtenir le point 100, on place le thermomètre dans un cylindre en laiton, fermé en dessus par deux manchons concentriques ; la partie inférieure, qui renferme de l'eau, communique avec le manchon intérieur ; le manchon extérieur est muni de deux orifices, l'un D, pour l'échappement de la vapeur, l'autre auquel on adapte un petit manomètre à air libre, M ; les deux manchons communiquent d'ailleurs ensemble par la partie supérieure.

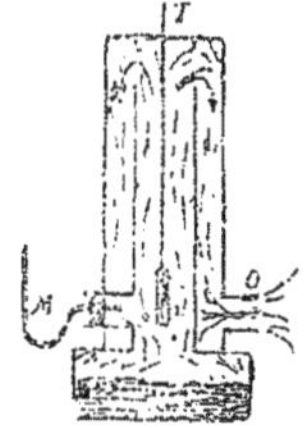

Fig. 62.

L'appareil étant placé sur un fourneau, l'eau entre en ébullition, la vapeur se rend dans le manchon intérieur dans lequel est suspendu, *au-dessus* du niveau de l'eau, le thermomètre T, puis dans le manchon extérieur et de là dans l'atmosphère. Le manchon extérieur a pour effet d'empêcher le refroidissement de la vapeur en contact avec le thermomètre ; la température reste donc bien constante autour de l'appareil à graduer. On marquera 100 en regard du niveau du mercure.

Diverses échelles thermométriques en usage. — La graduation qui vient d'être décrite sous le nom d'*échelle centigrade* est la plus usitée aujourd'hui. Dans le thermomètre *Réaumur*, comme dans le précédent, les deux points fixes sont la température de la glace fondante et celle d'ébullition de l'eau à 760 m/m ; la première correspond au zéro du thermomètre, mais le point d'ébullition de l'eau marque 80°.

Fig. 63.

Dans le *Fahrenheit*, qui est moins usité, la température de la glace fondante ne donne plus le degré zéro, mais le degré 32 ; la température de l'eau bouillante correspond à 112° de cette échelle.

Thermomètre à maxima et à minima. — Dans un grand nombre d'observations scientifiques, on n'a pas besoin de connaître la température d'un milieu à un moment donné, mais bien de connaître la plus haute ou la plus basse des températures à laquelle est parvenu ce milieu dans un intervalle de temps donné. C'est dans ce but que sont construits les thermomètres à *maxima* et à *minima*.

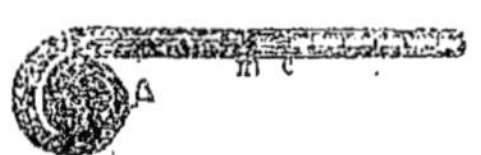

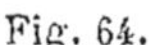

Fig. 64.

Fig. 65.

Dans ces deux appareils, la température maximum ou minimum est indiquée par un index qui peut suivre les mouvements du liquide dans un sens et non dans l'autre ; le tube du thermomètre est horizontal.

Le thermomètre à maxima contient du mercure, et l'index, qui est en acier, est poussé par le mercure quand la température s'élève et ne revient pas quand le mercure se retire, celui-ci ne mouillant pas l'acier ; la position de l'index indique la température maximum.

Le thermomètre à minima contient de l'alcool, et l'index est en émail. Comme l'alcool mouille l'émail, si la température baisse, l'index rétrograde ; si la température s'élève ensuite, l'alcool passe entre le tube et l'index sans déplacer celui-ci. La position de l'index indique donc la plus basse température atteinte.

Application de la dilatation. Pendule compensateur. — Pour que les oscillations du pendule soient isochrones, il faut qu'il ait toujours la même longueur (page 6) ; or, un pendule formé d'une seule tige s'allonge en été et se raccourcit en hiver.

Le pendule compensateur est un balancier qui a pour but de remédier à cet inconvénient en utilisant l'inégale dilatation de deux métaux différents, l'acier et le laiton par exemple. Les tiges d'acier *a* ne peuvent s'allonger que par le bas ; elles supportent des traverses *t* auxquelles sont fixées des tiges de laiton *b* qui s'allongent par le haut et supportent à leur tour des traverses *m*. A la dernière traverse *m''* est fixée une tige d'acier *l* qui porte la lentille L. Les longueurs respectives sont calculées de manière que l'allongement de haut en bas des tiges *a* et *l* soit compensé par l'allongement de bas en haut des tiges *b*.

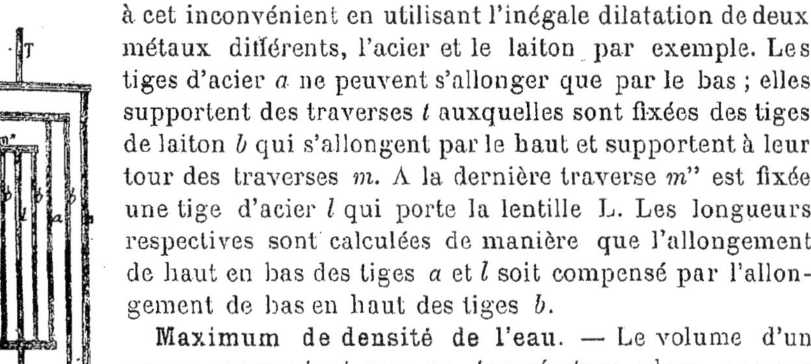

Fig. 66.

Maximum de densité de l'eau. — Le volume d'un corps augmentant avec sa température, alors que son poids demeure constant, sa densité diminue évidemment quand sa température s'élève. L'eau fait cependant exception à cette loi : elle a une dilatation irrégulière et présente ce phénomène qu'en partant de zéro degré, elle se contracte d'abord jusqu'à la température de 4 degrés et qu'ensuite elle se dilate. Son minimum de volume et, par conséquent, son maximum de densité se trouvent donc à la température de 4°. C'est pour cette raison que, dans la mesure du poids spécifique des corps (pages 13-15), on est convenu de prendre l'eau distillée à la température de 4° (page 37).

Dans le fond des lacs d'une certaine profondeur, l'eau est toujours à cette température ; les eaux de surface qui sont plus froides en hiver et plus chaudes en été sont moins denses et, en raison de la faible conductibilité calorifique des liquides, elles n'affectent pas la température du fond.

CHAPITRE VII

CHANGEMENTS D'ÉTAT

I. — FUSION ET SOLIDIFICATION

Fusion. — La plupart des corps, soumis à une élévation de température convenable, passent de l'état solide à l'état liquide ; ils *fondent* ou subissent le phénomène de la *fusion*. A ce point de vue, des différences très sensibles existent entre les divers corps. Les uns, comme le plomb, fondent à des températures relativement basses, d'autres ne fondent qu'à des températures élevées, d'autres enfin, comme le charbon, sont soumis en vain aux températures les plus hautes. On donne à ces derniers le nom de corps *réfractaires*.

Lois de la fusion. — 1re Loi. — *Dans les mêmes conditions, un corps solide commence toujours à fondre à la même température.*

Cette loi est facile à vérifier, en reproduisant plusieurs fois le phénomène de la fusion pour un même corps; mais la constance du point de fusion ne se retrouve que si le corps soumis à l'expérience est bien pur et placé dans les mêmes conditions.

2e Loi. — *Pendant toute la durée de la fusion, la température du corps reste constante.*

Cela veut dire que, quelle que soit l'intensité du foyer, tant qu'une particule du corps est encore à l'état solide, la température reste celle du point de fusion; ainsi, lorsque du posphore fond, tant qu'il reste une parcelle de phosphore solide, le liquide provenant de la fusion et le solide restant à fondre sont à 44°,2.

Puisque la température ne s'élève pas et que le foyer continue à fournir de la chaleur, c'est que cette chaleur ne produit pas d'effet sensible sur le thermomètre; employée au travail moléculaire de fusion, on lui donne le nom de *chaleur latente de fusion*.

C'est sur l'existence de ces deux lois, invariabilité du point de fusion et constance de la température pendant la fusion, qu'on s'est fondé pour adopter la température de la glace fondante comme point de départ de l'échelle thermométrique.

Changement de volume accompagnant la fusion. — Le changement d'état par fusion est accompagné d'un changement de volume du corps. En général, le liquide occupe un volume plus grand que le solide qui lui a donné naissance, ce qui est facile à constater. En effet, dans ce cas, les morceaux encore solides, plus denses, restent au fond du vase.

Il y a cependant des exceptions : l'eau en se refroidissant se contracte d'abord jusqu'à la température de 4 degrés; ensuite elle se dilate. Son minimum de volume et, par conséquent, son *maximum de densité* sont donc à la température de 4° (Voir page 32). C'est pourquoi les particules solides flottent à la surface.

Solidification. — Si, après avoir amené un corps à l'état liquide, on le refroidit suffisamment, il reprend l'état solide ou se solidifie. Le phénomène de la solidification est soumis à des lois analogues à celles de la fusion :

1. *Dans les mêmes conditions, un liquide se solidifie toujours à la même température, qui est celle du point de fusion.*

2. *Pendant toute la durée de la solidification, la température reste constante.*

De même que la fusion est généralement accompagnée d'une augmentation de volume, la solidification est habituellement accompagnée d'une diminution de volume. Mais les corps qui diminuent de volume en fondant (comme la glace) augmentent naturellement de volume en se solidifiant.

II. — DISSOLUTION

Dissolution. — On peut faire passer un corps de l'état solide à l'état liquide autrement que par la fusion. Ainsi, certains corps, mis en contact avec des liquides convenablement choisis, y disparaissent. Le sucre, le sel *fondent* dans l'eau, et l'on dit, dans ce cas, que les solides se *dissolvent* dans les liquides.

Un liquide déterminé ne peut, à une température donnée, dissoudre qu'un poids défini d'un solide. La dissolution qui renferme cette quantité est dite *saturée.*

Pour la plupart des corps, la solubilité augmente avec la température ; il y a néanmoins des solides qui ne sont pas plus solubles à chaud qu'à froid.

Mélanges réfrigérants. — On a vu que la fusion nécessite l'absorption d'une certaine quantité de chaleur que nous avons appelée *chaleur latente de fusion.* Lorsqu'un corps se dissout, il en est encore de même et, comme aucun foyer ne fournit la chaleur nécessaire au changement d'état, elle est empruntée au liquide qui, par conséquent se refroidit. On a fondé, sur cette remarque, l'emploi des *mélanges réfrigérants,* utilisés dans les laboratoires pour obtenir les basses températures dont on a besoin. Par exemple le mélange de glace et de sel donne une température de — 20°.

Solidification des corps dissous, ou cristallisation. — Les corps dissous peuvent être ramenés à l'état solide ; il suffit pour cela d'abandonner la dissolution à elle-même dans des conditions telles que l'évaporation du liquide soit facile, comme nous le verrons au chapitre suivant. Le liquide disparaissant, la solution contient plus du corps solide que n'en peut contenir une dissolution saturée, et cet excès se dépose à l'état solide. Il en est encore de même quand on laisse refroidir un liquide saturé à chaud, si le corps solide est plus soluble à chaud qu'à froid.

Le corps, en se solidifiant, prend des formes géométriques ; on dit qu'il *cristallise* ou forme des *cristaux ;* c'est le cas de la grande majorité des sels : ils se solidifient par *cristallisation.*

III. — PASSAGE DE L'ÉTAT LIQUIDE A L'ÉTAT GAZEUX. — VAPEURS

Vaporisation. — Lorsqu'on abandonne un liquide à lui-même, on constate que son volume diminue assez rapidement ; il en est encore de même, et d'une manière plus sensible, si le liquide est soumis à l'action de la chaleur. Cela tient à ce que le liquide est passé à l'état gazeux et s'est répandu dans l'atmosphère.

Ces gaz provenant de corps habituellement à l'état liquide sont dénommés *vapeurs*, et le passage de l'état liquide à l'état de vapeur s'appelle *vaporisation*.

Les liquides qui peuvent passer à l'état de vapeurs sont des liquides *volatils*, ceux au contraire qui ne donnent de vapeurs à aucune température sont dits *fixes*.

Les vapeurs se forment également dans le vide; comme elles sont alors soustraites à l'influence de l'air de l'atmosphère, leurs propriétés peuvent être mises en évidence avec plus de facilité.

Production de vapeurs dans le vide. — Propriétés des vapeurs. — Pour démontrer la production des vapeurs dans le vide, on fait usage du baromètre; on introduit avec une pipette recourbée, dans la chambre barométrique, une petite quantité du liquide devant former la vapeur à étudier. On constate ainsi que : 1° *tous les liquides volatils se vaporisent immédiatement dans le vide*, car la colonne mercurielle subit immédiatement une dépression; 2° *les vapeurs ont une force élastique variable de l'une à l'autre*, d'autant plus considérable que le liquide est plus volatil, comme l'éther ou l'alcool.

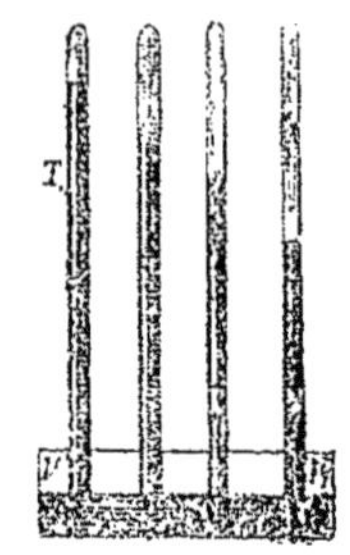

Fig. 67.

Tension maximum des vapeurs. — Si, reprenant l'expérience précédente pour un seul liquide, on l'introduit goutte à goutte, on est conduit aux constatations suivantes : les premières gouttes introduites disparaissent complètement, et le niveau du mercure s'abaisse un peu. Une nouvelle introduction de liquide donne le même résultat.

Mais il arrive un moment où une nouvelle quantité de liquide refuse de se vaporiser ; la colonne de mercure reste, à partir de ce moment, à une hauteur invariable. La vapeur est dite *saturée*. La vapeur a donc une force élastique ou *tension* supérieure à celle de la vapeur non saturée et qu'on ne peut augmenter, c'est la *tension maximum* de la vapeur. Cette tension maximum varie d'un liquide à l'autre ; pour un même liquide, sa valeur *s'élève avec la température*.

Divers modes de formation des vapeurs. — La vaporisation peut se faire lentement, quand on abandonne le liquide à lui-même ; c'est l'*évaporation*. Si on soumet le liquide à l'action de la chaleur, la formation de vapeur est brusque et tumultueuse ; on l'appelle *ébullition*.

Evaporation. — Un liquide volatil, abandonné à lui-même dans un vase dans lequel il occupe une grande surface sur une faible épaisseur, disparaît progressivement par suite de la production de vapeurs par *évaporation*. Les causes qui facilitent le phénomène sont :

L'étendue de la surface. La formation de la vapeur ayant lieu sur la surface libre du liquide, plus cette surface sera grande, plus l'évaporation sera active.

L'agitation de l'air. L'évaporation est plus rapide dans l'air agité que dans l'air tranquille, parce que les couches d'air chargées de vapeurs, et qui ne sont plus susceptibles d'en recevoir, sont remplacées par d'autres qui n'en renferment pas encore ou en renferment moins.

L'élévation de la température. Si le liquide est à une température élevée, sa vapeur possède une plus grande tension maximum; par conséquent la même quantité d'air peut contenir une plus grande quantité de vapeur.

L'influence de la quantité de vapeur existant déjà dans l'air. Si l'air est sec, l'évaporation est plus facile que si l'air est humide ; car, s'il renferme déjà une certaine quantité de vapeur, il n'en peut recevoir autant du liquide à évaporer.

Froid produit par l'évaporation. — Pour passer de l'état solide à l'état liquide, un corps absorbe de la chaleur ; il en absorbe encore pour passer de l'état liquide à l'état gazeux. Or, si on ne lui en fournit pas, il l'emprunte soit à lui-même, soit aux corps avec lesquels il est en contact ; d'où, comme conséquence, le refroidissement de ces corps.

Le froid produit par l'évaporation est d'autant plus grand que le liquide est plus volatil.

Ebullition. — Nous avons dit ci-dessus qu'on appelle ébullition la production brusque des vapeurs sous l'influence de la chaleur.

Lois de l'ébullition. — 1. *Dans les mêmes conditions, un liquide entre toujours en ébullition à la même température ;*

2. *La température à laquelle se produit l'ébullition varie dans le même sens que la pression exercée sur le liquide ;*

3. *Pendant toute la durée de l'ébullition, la température reste constante.*

Ces lois, analogues à celles du premier changement d'état, se vérifient de la même façon. Nous les avons admises pour déterminer le second point fixe du thermomètre ou point 100.

Puisque, pendant toute la transformation, la température reste constante, c'est que la chaleur fournie, qui n'apparaît pas d'une façon sensible, est employée au travail moléculaire du changement d'état ; on lui donne le nom de *chaleur latente de vaporisation.*

Influence de la pression sur le point d'ébullition. — Les vapeurs se comportant comme les gaz, la pression extérieure peut exercer une action considérable sur leur formation. Une augmentation de pression élève le point d'ébullition, une diminution de pression l'abaisse. On le comprendra aisément grâce à la loi suivante :

Pour qu'un liquide entre en ébullition à une température donnée, il faut que sa tension maximum de vapeur à cette température soit au moins égale à la pression extérieure.

Cette loi se démontre par deux expériences : l'une consiste à chauffer de l'eau dans un récipient spécial, dit *marmite de Papin,* où sa vapeur est confinée; si haut qu'on porte la température de cette eau, son ébullition est empêchée parce que la pression qui s'exerce à la surface libre du liquide est supérieure à la force élastique des vapeurs qui tendraient à s'en dégager. Dans la seconde expérience, inverse de celle-ci, on provoque l'ébullition à des températures inférieures à 100 degrés, de l'eau emprisonnée dans un ballon de verre, en refroidissant la vapeur qui se trouve au-dessus du liquide et dont on rend ainsi la force élastique moindre que celle des vapeurs qui cherchent à s'échapper de cette eau.

Autres causes influant sur l'ébullition. — Les liquides renferment généralement des gaz dissous dont la présence facilite l'ébullition. Ainsi l'eau privée d'air exige une température supérieure à 100° pour bouillir.

Le point d'ébullition varie encore si le liquide renferme quelques corps étrangers en dissolution ; mais la température de la vapeur reste celle qui correspond à la tension maximum. C'est pour cette raison que, pour déterminer le point 100 du thermomètre, on ne plonge pas le réservoir dans le liquide qui peut ne pas être pur, mais on le suspend au-dessus de la surface de l'eau.

Liquéfaction. — Le retour d'une vapeur à l'état liquide s'appelle *liquéfaction* ou *condensation*. Les moyens propres à obtenir la liquéfaction des gaz et vapeurs, sont :

1° Refroidir la vapeur jusqu'à son point de condensation ;

2° La comprimer ;

3° La refroidir et la comprimer à la fois.

Nous trouvons en chimie des exemples de ces trois cas. Du premier, acide sulfureux, peroxyde d'azote; du second, chlore, acide carbonique; du troisième, oxygène, hydrogène, azote, oxyde de carbone.

Distillation. — On fait usage de l'ébullition et de la liquéfaction pour séparer un liquide de certaines substances étrangères moins volatiles que lui : par exemple, pour purifier l'eau. L'opération s'appelle la *distillation* et s'effectue dans un *alambic* qui se compose d'une chaudière C (fig. 68) appelée *cucurbite*, d'un *chapiteau* Ch qui recouvre la cucurbite et qui est prolongé par un long col, et enfin d'un tube S (*serpentin*) tourné en hélice et plongeant dans un réservoir d'eau. Le serpentin se termine par un robinet. Si l'on place de l'eau dans la chaudière et qu'on la fasse bouillir, les vapeurs se rendent dans le serpentin où elles se condensent, grâce à sa grande surface en contact avec de l'eau froide. On

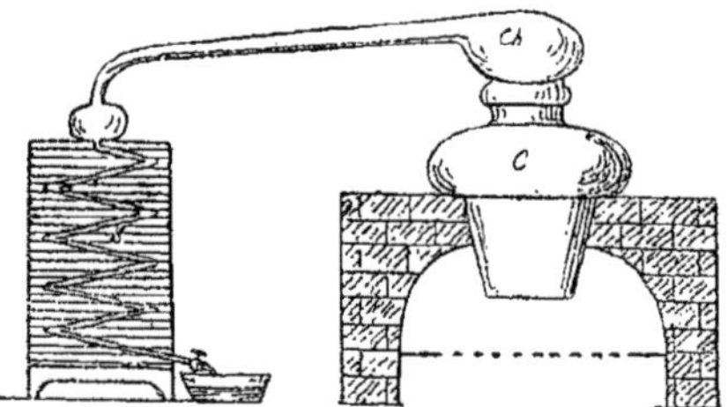

Fig. 68.

recueille, par le robinet, de l'eau distillée pure, débarrassée de tous les sels qu'elle contenait et qui, moins volatils qu'elle, sont restés dans la chaudière.

Vapeur d'eau dans l'air. — ÉTAT HYGROMÉTRIQUE. — L'air renferme toujours de la vapeur d'eau dont la présence est facile à expliquer par l'évaporation des eaux de la mer et des rivières. L'existence de cette humidité se constate sans peine par l'emploi de certaines substances avides d'eau qui s'emparent de la vapeur. Ainsi, la chaux vive abandonnée à l'air *s'éteint* et tombe en poussière, la potasse caustique devient liquide en s'hydratant, etc...

Pour fixer le degré d'humidité de l'air, il faut considérer le rapport *entre le poids de vapeur actuellement renfermé dans l'air et le poids qui y serait contenu, si l'air était saturé à la même température.*

Ce rapport est appelé *état hygrométrique de l'air* et les instruments qui servent à le mesurer sont dits des *hygromètres.*

Hygromètre à cheveu. — Le plus simple des hygromètres est l'hygromètre à cheveu, ou hygromètre de Saussure. Il est fondé sur la propriété que possèdent les cheveux de s'allonger ou de se raccourcir suivant le degré d'humidité de l'air.

Un cheveu bien dégraissé est fixé par une pince à la partie supérieure A (fig. 69) d'un cadre. L'extrémité inférieure est enroulée et arrêtée dans une des gorges d'une poulie, un contre-poids p sert à tendre constamment le cheveu. La poulie est armée d'une aiguille a se déplaçant devant une graduation ; si le cheveu s'allonge, l'aiguille se déplace dans un sens ; s'il se raccourcit, elle se meut en sens inverse.

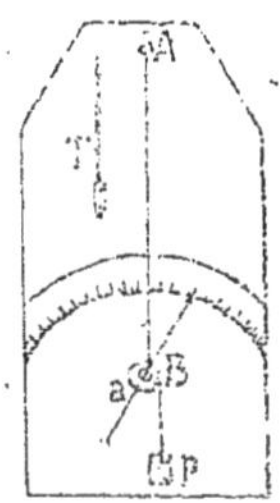

Fig. 69.

Pour graduer l'appareil, on le dispose sous une cloche avec une capsule renfermant une substance desséchante (chlorure de calcium, par exemple). L'aiguille a s'arrête bientôt en un point qui correspond à la sécheresse absolue. On marque 0 en cette position. On plonge ensuite l'instrument dans une cloche dont les parois sont mouillées et reposent sur une assiette pleine d'eau. L'air de la cloche se sature d'humidité, le cheveu s'allonge et quand il est arrivé au terme de sa course, on marque le point 100 correspondant à la saturation complète de l'air. Puis on divise l'intervalle en cent parties égales.

Propagation de la chaleur. — La chaleur se propage de deux manières différentes, soit d'un point à un autre en échauffant les corps intermédiaires, comme dans une tige métallique chauffée à l'une de ses extrémités, soit sans échauffement des corps intermédiaires, à la façon de la lumière et à des distances plus considérables. Dans le premier cas, c'est la transmission par *conductibilité,* dans le second par *rayonnement.*

Conductibilité. — Corps bons et mauvais conducteurs. — Un morceau de charbon de bois enflammé à un bout peut être pris à la main sans danger par l'autre bout. Au contraire, une tige métallique chauffée à l'une de ses extrémités est brûlante dans toute sa longueur. La chaleur ne se propage donc pas par conductibilité avec la même facilité dans tous les corps. On les classe, à ce point de vue, en deux catégories, les *bons* et les *mauvais conducteurs* ; le charbon de bois est mauvais conducteur, tandis que les métaux sont bons conducteurs.

L'eau est mauvaise conductrice. Il en est de même des divers liquides à l'exception du mercure, qui est bon conducteur, comme du reste les autres métaux. Les gaz sont mauvais conducteurs; celui qui conduit le moins mal la chaleur est l'*hydrogène*.

Rayonnement. — La transmission de la chaleur à distance, même sans interposition de matière pondérable, est dite *par rayonnement*. C'est par rayonnement que la chaleur se propage dans le vide. Cette propagation se fait en ligne droite.

Pouvoir réflecteur. — La chaleur se réfléchit, comme nous verrons plus loin que se réfléchit la lumière. Si l'on compare les quantités de chaleur réfléchies par les différents corps, on constate que les métaux polis sont les corps doués du plus grand pouvoir réflecteur.

CHAPITRE VIII

ACOUSTIQUE. — PRODUCTION ET PROPAGATION DU SON

Objet de l'acoustique. — *L'acoustique* a pour objet l'étude des sons dus aux vibrations des corps élastiques, en ne s'occupant que des propriétés physiques des sons.

Sons et bruits. — Le son est l'impression que produit, dans l'organe de l'ouïe, le mouvement vibratoire des corps, transmis à l'oreille par l'intermédiaire d'un corps élastique. Les sons ne sont pas identiques, ils offrent des différences sensibles qui permettent de les distinguer. Les *sons* diffèrent des *bruits*. Sous le nom de bruit on entend, soit un son de courte durée, comme le bruit du canon, soit un mélange confus de plusieurs sons discordants, comme le choc d'un marteau sur une pierre.

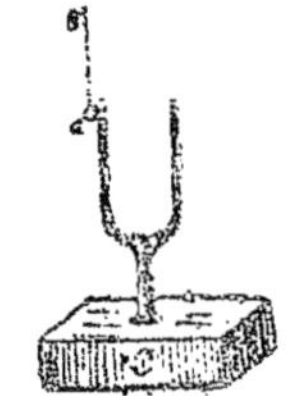

Fig. 70.

Cause du son. — Le son est le résultat des oscillations imprimées aux molécules des corps élastiques. Ecartons-les de leur position d'équilibre par le choc ou le frottement, elles reprennent leur position initiale après avoir effectué une série de mouvements en deçà et au-delà, qui sont les vibrations. Tous les corps qui rendent un son exécutent des vibrations, ainsi un diapason frotté avec un archet résonne; une petite balle *a* approchée d'une de ses branches est vivement projetée par l'effet du choc que lui imprime le corps vibrant, les écarts deviennent de plus en plus petits quand l'intensité du son décroît.

Fig. 71.

Propagation du son. — *Le son se propage dans tous les sens.* — Tous les corps, solides, liquides ou gazeux, transmettent les sons, et, puisque le son est le résultat d'un mouvement vibratoire, il est évident qu'il faut, pour sa transmission, une substance pondérable élastique, capable de vibrer. Aussi les corps mous, comme le drap, l'étoupe, le coton, transmettent mal le son ; le vide ne le transmet pas du tout. Pour le vérifier, on suspend une clochette dans un ballon en verre; on agite l'appareil, on entend distinctement le bruit, même quand le ballon est fermé. Mais si l'on fait le vide dans le ballon et qu'on recommence à l'agiter, le son de la clochette ne se fait plus entendre.

Vitesse de propagation du son. — Pour se propager à partir de son point de formation, le son met un temps appréciable. On en trouve la preuve dans le temps qui s'écoule entre l'éclair et le tonnerre, la lumière parcourant un très grand espace en très peu de temps.

Tous les sons se transmettent avec la même vitesse, quels que soient leur hauteur, leur intensité et leur timbre. En effet, un morceau d'orchestre entendu à n'importe quelle distance conserve le même caractère. Dès lors, pour déterminer la vitesse de propagation du son, il suffit d'opérer sur un son quelconque.

1° Vitesse dans les gaz (dans l'air). — On appelle vitesse du son dans l'air l'espace qu'il parcourt dans une seconde. Les dernières expériences faites pour la déterminer ont eu lieu en 1822 entre deux stations élevées choisies dans le voisinage de Paris, Montlhéry et Villejuif. Une pièce de canon était disposée à chacune des stations; on tirait, à des intervalles convenus, des coups de canon à partir de chacun des postes. Les observateurs placés à l'autre point notaient très exactement le temps qui s'écoulait entre l'apparition de la lumière et l'audition du son. On trouva que la vitesse du son est de 340 m. par seconde.

Cette vitesse de propagation varie d'un gaz à un autre.

2° Vitesse dans les liquides et les solides. — La vitesse du son dans les *liquides* est beaucoup plus grande que dans les gaz, la vitesse du son dans l'eau est de 1.435 m. environ.

La vitesse du son est encore plus grande dans les *solides* : en expérimentant sur des conduits de fonte destinés au service des eaux, Biot a trouvé une vitesse de 3.500 m.

Diminution de l'intensité avec la distance. — La quantité de son reçue sur l'unité de surface varie en raison inverse du carré de la distance. Si la distance double, l'intensité du son est donc quatre fois moindre.

Echo. — Le phénomène de la réflexion du son permet d'expliquer celui de l'*écho*. Si un son est produit à une distance donnée d'un obstacle, on entend au bout d'un certain temps une répétition de ce son, qui est l'écho.

CHAPITRE IX

OPTIQUE. — RÉFLEXION DE LA LUMIÈRE. — MIROIRS

Définition de l'optique. — Lumière. — La *lumière* est l'agent physique qui produit en nous, par une action sur la rétine, le phénomène de la vision ; l'*optique* est la partie de la physique qui étudie la lumière.

Corps lumineux ou éclairés, transparents, opaques. — Certains corps tels que le soleil, les étoiles, les lampes et les corps incandescents nous envoient de la lumière. Ce sont des sources lumineuses ou *corps lumineux*. D'autres sont encore visibles pour nous : ce sont ceux qui reçoivent de la lumière des corps lumineux, mais qui cessent d'être éclairés dès que la source étrangère ne leur en fournit plus. On les appelle *corps éclairés*. Il n'y a pas de différence entre la lumière émanant des premiers ou des seconds.

Certains corps laissent facilement passer la lumière, ce sont les corps *transparents*. D'autres au contraire ne se laissent pas traverser par la lumière, on les appelle *corps opaques*.

Propagation rectiligne de la lumière. — Si l'on interpose un corps opaque ou écran sur la ligne droite qui va de l'œil à un objet lumineux, la lumière est interceptée. Ce fait démontre que la lumière se propage en ligne droite, et l'on nomme *rayon lumineux* la ligne droite que suit la lumière. La réunion de plusieurs rayons forme un *faisceau*.

Ombre. — La partie postérieure d'un corps opaque, ne recevant pas de lumière, est dite dans *l'ombre propre ;* si on place un écran derrière le corps opaque, la partie de cet écran qui n'est pas éclairée est dans *l'ombre portée*.

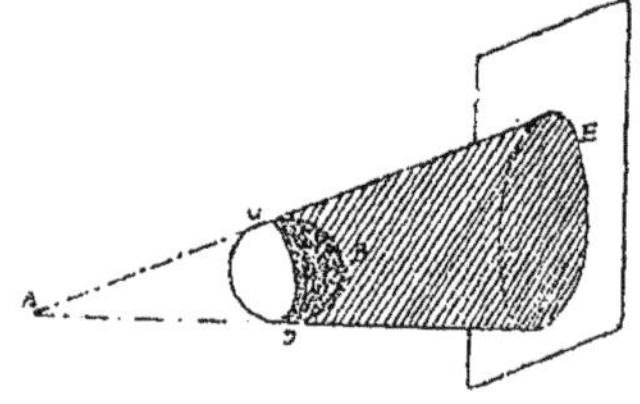

Fig. 72.

Lorsque la source lumineuse se réduit à un point, il est facile de déterminer *l'ombre propre* et *l'ombre portée*.

Soient A le point lumineux et B une sphère opaque. Toutes les parties de la sphère situées dans le cône tangentiel du côté opposé à la lumière sont dans *l'ombre propre*.

Le cône indéfiniment prolongé donne l'espace dans lequel se trouve l'ombre portée ; la partie E de l'écran est dans ce cas.

Pénombre. — Si le corps lumineux, au lieu d'être réduit à un point, a des dimensions appréciables, on a entre l'ombre et la lumière une partie intermédiaire comme éclat et qui s'appelle *pénombre*.

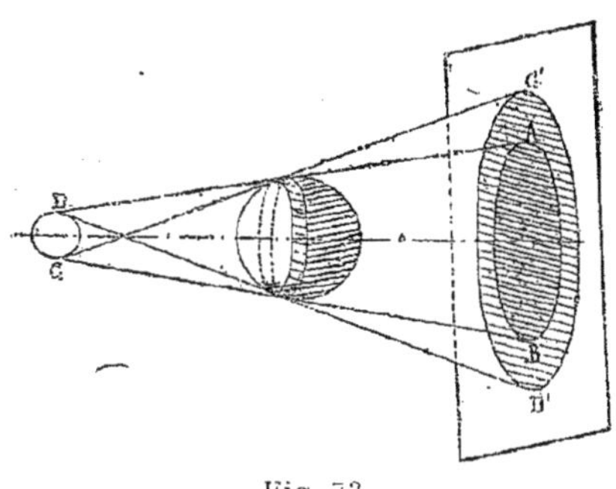
Fig. 73.

C'est la partie de l'espace qui ne reçoit de lumière que d'une partie du corps lumineux. Elle est donc un peu éclairée, mais l'éclairement n'est pas complet puisque tous les points du corps lumineux ne peuvent y envoyer leurs rayons.

Vitesse de la lumière. — La lumière se propage avec une vitesse considérable qu'il est très difficile de déterminer.

Le nombre résultant des expériences de M. Cornu en 1874 est 300.000 kilomètres par seconde. Ce résultat ne doit pas nous surprendre : la lumière nous vient du soleil qui est éloigné de nous de 38 millions de lieues environ en 8 min. 13.

Réflexion de la lumière. — Lorsqu'un rayon lumineux SI vient frapper la surface d'un corps poli (mercure, verre ou métal poli), il change brusquement de direction ; on donne à ce phénomène le nom de *réflexion*. Le rayon SI est dit *rayon incident*, IR *rayon réfléchi*, le point I est le point d'incidence et si l'on mène en I la perpendiculaire IN à la surface plane réfléchissante AB, IN est la *normale*. L'angle SIN du rayon incident avec la normale est *l'angle d'incidence*, l'angle RIN du rayon réfléchi avec la normale est *l'angle de réflexion*. En faisant varier la position relative de la surface réfléchissante AB et du rayon incident SI, on constate que la réflexion est un phénomène soumis à des lois géométriques définies.

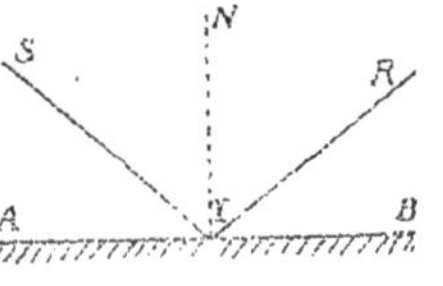

Fig. 74

Lois de la réflexion. — 1. *Le rayon incident, le rayon réfléchi et la normale sont dans un même plan qu'on appelle plan d'incidence.*

2. *L'angle d'incidence est égal à l'angle de réflexion.*

Réflexion irrégulière ou diffusion. — Si la lumière frappe un corps imparfaitement poli, elle est réfléchie d'une manière irrégulière et dans tous les sens. C'est ce qu'on appelle la réflexion par *diffusion*.

Miroirs. — On nomme *miroir* tout corps dont la surface parfaitement polie réfléchit régulièrement la lumière des corps éclairés placés devant lui. Suivant la forme de la surface, les miroirs sont *plans* ou *sphériques*.

Ils sont constitués soit en métal, soit en verre étamé sur une de ses faces.

Miroirs plans. Image d'un point. — Considérons d'abord le cas d'un miroir plan en regard duquel on place un point lumineux. L'expérience apprend que si l'on regarde un point lumineux A dans un miroir plan, on croît voir derrière le miroir en A, le point lumineux placé en avant. Les lois de la réflexion permettent d'expliquer ce résultat :

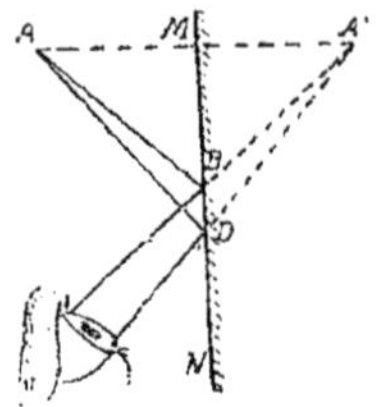

Fig. 75.

L'œil jouit de la propriété de placer les objets lumineux dans la direction du rayon de lumière qui lui parvient en dernier lieu. Si donc des rayons AB, AD partent du point lumineux, ils se réfléchissent sur le miroir suivant BC et DE. Un observateur dont l'œil sera en O recevra ces deux rayons et verra le point lumineux à la fois sur chacun d'eux, c'est-à-dire en A', point de rencontre de leurs prolongements. Dès lors, puisque l'expérience montre que le point A donne une image unique A', c'est que tous les rayons partis de A se réfléchissent dans des directions telles que tous les prolongements des rayons réfléchis viennent passer en A'. — L'égalité des angles d'incidence et de réflexion entraîne celle des distances AM et A'M. Donc l'image d'un point lumineux A, est une image illusoire *ou virtuelle*, symétrique de A par rapport au miroir.

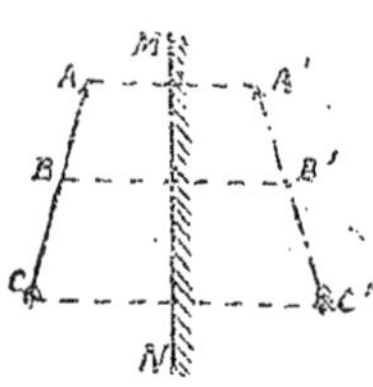

Fig. 76.

Image d'un objet. — De même l'image d'un objet AC est en A'C' symétrique de AC par rapport au miroir. Car tous les points de l'objet tels que B ont pour image, d'après ce qui précède, leur symétrique B' par rapport au miroir.

Miroirs sphériques. — Si le corps qui forme le miroir est une portion de sphère, le miroir est dit *sphérique*. On en distingue deux sortes, suivant que la surface réfléchissante est la surface intérieure ou extérieure de la sphère. Dans le premier cas, on obtient un miroir *concave*, dans le second un *miroir convexe*.

Miroirs concaves. — Soient MN un miroir concave et C le centre de la sphère à laquelle appartient le miroir. Si l'on présente ce miroir aux rayons solaires, ils viennent se concentrer en un point F situé à la moitié du rayon et qu'on appelle *foyer principal*.

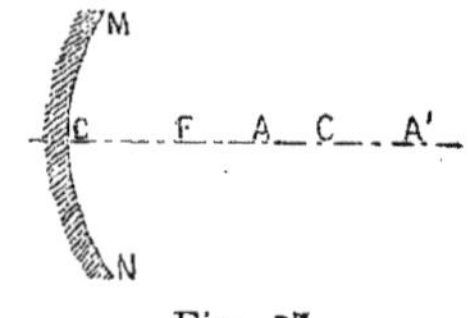

Fig. 77.

Si l'on place un point lumineux sur l'axe SC du miroir, on en trouve une image, dont la position varie avec celle du point : trois cas sont à considérer.

1° Le point étant à une distance du miroir supérieure au rayon (en A par exemple) l'image se forme entre le centre C et le foyer F, en A' et elle peut être reçue sur un écran. Elle est donc d'une nature différente de celle donnée par le miroir plan ; elle est dite *réelle*.

2° Inversement, si le point lumineux est entre C et F, en A', son image se fera au delà de C ; elle sera encore réelle.

3° Si le point lumineux est entre F et S, on ne trouvera plus d'image avec un écran, mais en se plaçant devant le miroir, on apercevra une image illusoire ou *virtuelle* comme dans le cas du miroir plan.

Les mêmes phénomènes se reproduiraient si la source lumineuse était

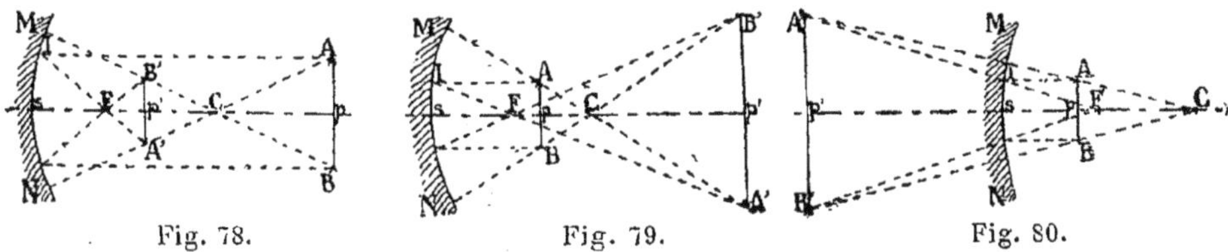

Fig. 78. Fig. 79. Fig. 80.

un objet lumineux AB au lieu d'être un point.

Miroirs convexes. — Si la surface réfléchissante est la surface extérieure, le miroir est *convexe*. Soient MN le miroir et C son centre.

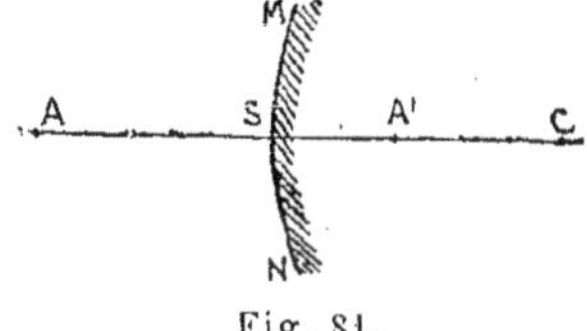

Fig. 81.

Ici le point lumineux ne peut être placé qu'en avant du miroir, en A par exemple. On ne peut en trouver l'image à l'aide d'un écran quelle que soit la position de A ; mais, en se plaçant en avant du miroir, on aperçoit une image *virtuelle* en A'. De même un objet placé en A donnera une image *virtuelle*, plus *petite* que l'objet.

CHAPITRE X

RÉFRACTION DE LA LUMIÈRE. — LENTILLES

Réfraction de la lumière. — Dans une substance homogène, la lumière se propage en ligne droite ; il n'en est plus de même si elle se meut dans deux milieux successifs différents. Soient deux milieux, l'air et l'eau par exemple, séparés par une surface plane AB. Un rayon de lumière se meut suivant SI dans l'air. Arrivé en I à la surface de séparation des deux milieux, au lieu de continuer sa marche dans la même direction IS, il se dévie brusquement et se propage suivant IR ; c'est à cette déviation brusque de la lumière passant d'un milieu dans un autre qu'on

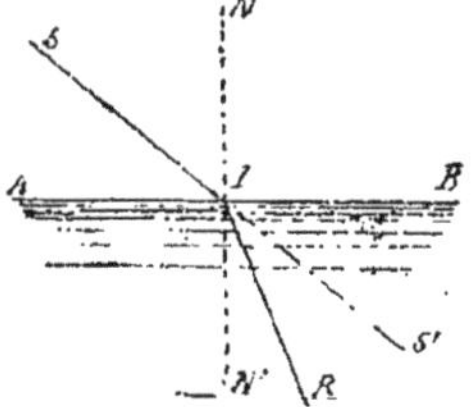

Fig. 82.

a donné le nom de *réfraction*. Le rayon SI est dit incident et le rayon IR réfracté.

Si le second milieu est plus dense que le premier, le rayon lumineux se rapproche de la perpendiculaire NIN' à la surface de séparation; il s'en éloignerait au contraire si le second milieu était moins dense que le premier. Enfin il ne subirait aucune déviation s'il se propageait suivant la perpendiculaire NI.

Lentilles. — Les lentilles sont des milieux transparents (généralement en verre) et terminées par des surfaces sphériques. Elles constituent l'application la plus importante de la réfraction.

On les divise en deux classes : les premières, dont les bords sont plus minces que le milieu, sont dites *convergentes* ; les secondes, dont les bords sont plus épais que le milieu, sont dites *divergentes*.

Lentilles convergentes. — Les lentilles de cette catégorie sont dites *convergentes* parce qu'en les exposant aux rayons solaires, on constate qu'après passage dans la lentille ces rayons se concentrent ou *convergent* vers un même point F, qu'on appelle *foyer principal* de la lentille. Quelle que soit la face sur laquelle tombent les rayons solaires, on remarque la formation d'un foyer principal à la même distance de l'autre face.

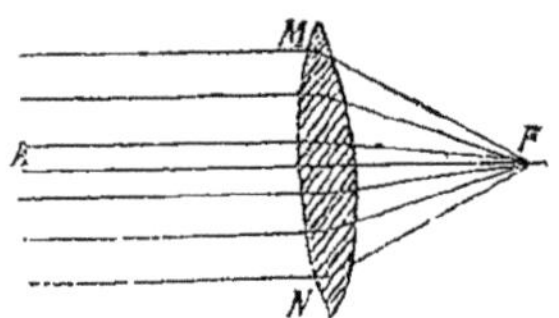
Fig. 83.

Les lentilles convergentes ont donc deux foyers principaux F et F', symétriquement placés par rapport à elles.

Image d'un point lumineux. — Soit une lentille MN, les deux foyers principaux étant en F et F'. Figurons les points O et O' qui se trouvent à une distance de la lentille double de celle à laquelle sont les foyers et plaçons un point lumineux de l'axe dans les positions suivantes :

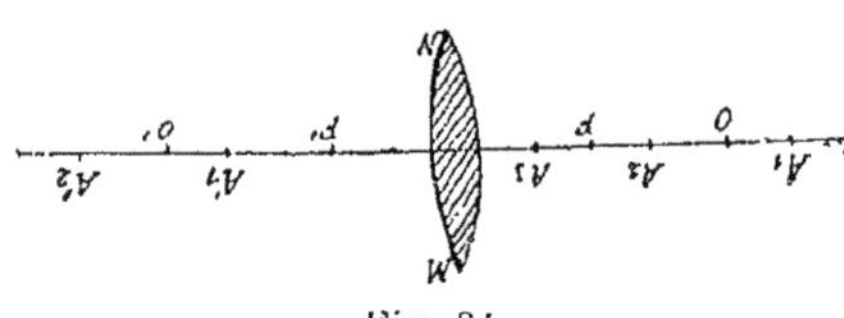
Fig. 84.

1° Le point lumineux est en A_1 au delà de O. On trouve avec un écran une image en A'_1 entre F' et O'.

2° Le point lumineux est en A_2 entre O et F; on trouve avec l'écran une image au-delà de O' en A'_2.

3° Le point lumineux est en A_3; on ne trouve plus d'image avec l'écran ; mais en se plaçant devant la lentille, on aperçoit une image virtuelle du point A_3. L'image est donc réelle dans les deux premiers cas, virtuelle dans le troisième.

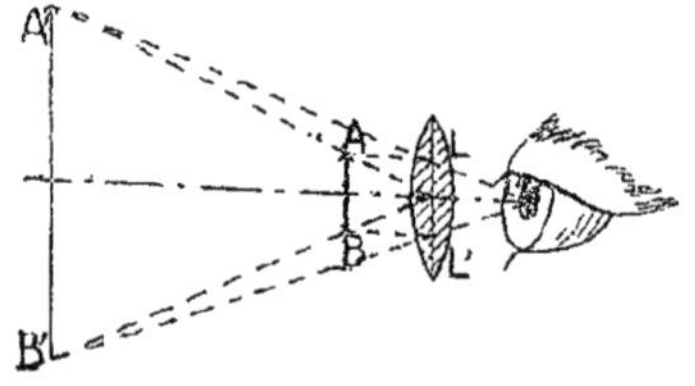
Fig. 85.

Les mêmes expériences peuvent être refaites en prenant pour source lumineuse un objet; elles donnent des résultats analogues.

L'application pratique de la lentille biconvexe est la loupe, qui permet à l'œil d'apercevoir une image A' B' beaucoup plus grande que l'objet AB.

CHAPITRE XI

DÉCOMPOSITION DE LA LUMIÈRE. — PRISMES. — SPECTRE SOLAIRE

Prisme. — Considérons un bloc de verre terminé par des faces planes se coupant deux à deux suivant des arêtes parallèles. Un pareil système a la forme géométrique d'un prisme. On lui donne également le nom de *prisme* en optique.

Action d'un prisme sur la lumière. — 1° Réfraction a travers le prisme. — Un rayon lumineux SI tombe sur un prisme. En vertu des lois de la réfraction, il pénètre dans le verre en se rapprochant de la perpendiculaire IN au lieu de continuer dans sa direction primitive. Soit II' sa nouvelle direction. Arrive en I, il passe du verre dans l'air et s'éloigne de la nouvelle normale I'N' pour prendre la direction I' S'. Soit K le point de rencontre des prolongements de SI et de S'T'. On voit que l'interposition du prisme a eu pour effet de dévier le rayon de la direction SI dans la direction I'S', première modification subie par le rayon.

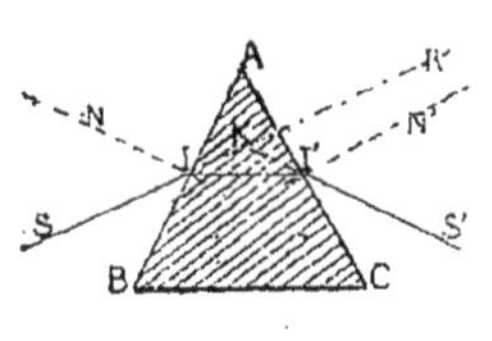

Fig. 86.

2° Décomposition de la lumière ou dispersion. — Si l'on reçoit sur un écran E les rayons après leur passage dans le prisme, on trouve que le filet lumineux s'est élargi et au lieu de la lumièr blanche, qui formait le rayon primitif, l'image présente toutes les couleurs de l'arc-en-ciel, le violet étant à la partie inférieure et le rouge à la partie supérieure. Newton a donné à cette image le nom de *spectre solaire* et, bien qu'on passe d'une coloration à une autre par des degrés insensibles, il a admis l'existence de sept couleurs principales qui sont, à partir de la base du prisme : *violet*, *indigo*, *bleu*, *vert*, *jaune*, *orangé*, *rouge*.

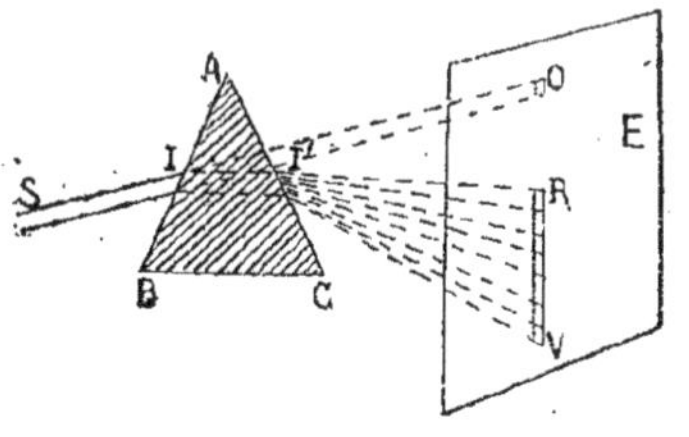

Fig. 87.

Recomposition de la lumière blanche. — La superposition des sept colorations du spectre solaire reproduit la lumière blanche : c'est ce qui peut être facilement réalisé à l'aide des deux expériences suivantes :

1° Expérience des prismes renversés. — Si, après avoir obtenu un spectre par le moyen d'un premier prisme A, on oblige les rayons à traverser un deuxième prisme A' d'angle égal au premier mais tourné en sens inverse, le second prisme imposera à chacun des rayons une déviation égale et contraire à celle qu'il a subie dans le premier, et à la sortie du système, on recueillera en S' un faisceau de lumière *blanche* parallèle au faisceau incident S.

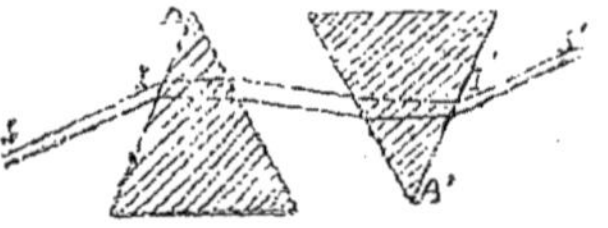

Fig. 88.

2° Disque de Newton. — Un disque partagé en secteurs, portant les sept couleurs du spectre, est mis en rotation rapide. Il en résulte pour l'œil l'impression de la superposition des couleurs et on constate que le disque paraît uniformément blanc-gris.

Fig. 89.

Arc-en-ciel. — L'arc-en-ciel est dû aussi à la décomposition de la lumière traversant des gouttes de pluie et s'y décomposant comme dans le prisme. Aussi présente-t-il les mêmes nuances que le spectre et dans le même ordre.

TITRE II

ÉLECTRICITÉ ET MAGNÉTISME

CHAPITRE PREMIER

ÉLECTRICITÉ DÉVELOPPÉE PAR LE FROTTEMENT

Notions préliminaires. — L'électricité, agent physique dont la nature n'est pas encore parfaitement connue, se manifeste par des phénomènes variés appelés phénomènes *électriques.*

L'électricité peut être engendrée par le frottement, les actions chimiques, le magnétisme et l'électricité elle-même. Elle produit de nombreux effets, tels que attractions, répulsions, actions chimiques, phénomènes lumineux, calorifiques et physiologiques.

Développement de l'électricité par le frottement. — Un grand nombre de substances comme l'ambre, la cire, le verre, la résine, le soufre, acquièrent, quand on les frotte, la propriété d'attirer les corps légers.

Cette propriété peut servir à définir l'électricité. Les corps qui l'ont acquise sont dits *électrisés* et la cause inconnue du phénomène est appelée *électricité*.

Corps bons et mauvais conducteurs. — Depuis longtemps on avait cru remarquer que le frottement ne faisait pas apparaître d'électricité sur certains corps tels que les métaux, parce que l'électricité produite se propageait facilement dans ces corps et s'y répandait, tandis qu'elle s'accumulait, au contraire, au point de production dans les autres corps qui s'opposaient à cette propagation et en rendaient dès lors les effets sensibles.

La distinction qui en découle est la suivante : on appelle les premiers corps *bons conducteurs*, tandis qu'on donne aux seconds le nom de *mauvais conducteurs* ou *isolants*.

Distinction de deux électricités. — Le frottement ne développe pas sur tous les corps le même mode d'électrisation ou la même électricité. On le montre de la manière suivante : une balle de sureau *a* suspendue à une potence par un fil de soie constitue l'appareil appelé *pendule électrique*.

Si on approche de cette balle un bâton de verre électrisé par frottement avec du drap, la balle est d'abord attirée ; puis, venant en contact avec le verre, elle emprunte de l'électricité dont il est chargé et est vivement repoussée. La balle restant dans le même état, approchons d'elle un bâton de résine électrisé. Au lieu de la répulsion, nous constaterons une attraction, et si nous chargeons un autre pendule avec l'électricité de la résine, il sera attiré par le bâton de verre. Donc, il existe deux sortes d'électrisation par frottement, certains corps prenant la même électricité que le verre ou électricité positive, les autres prenant au contraire celle de la résine ou électricité négative.

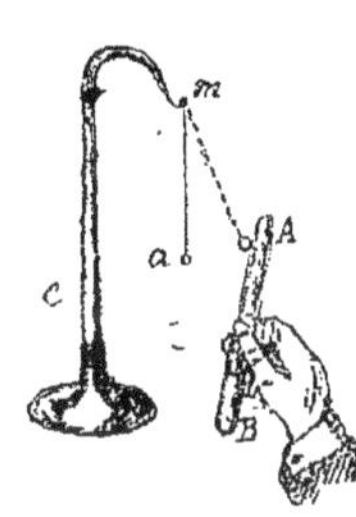

Fig. 90.

Loi des attractions et répulsions. — Il résulte des expériences faites avec le pendule la loi suivante :

Deux corps chargés de la même électricité se repoussent, et deux corps chargés d'électricités différentes s'attirent.

Hypothèse des deux fluides ou hypothèse de Symmer. — Pour expliquer les phénomènes électriques, Symmer avait eu recours à l'hypothèse suivante : Tous les corps renferment à l'état naturel des quantités égales des deux électricités à l'état de combinaison ou de *neutralisation* ; le frottement ou les actions chimiques produisent la séparation des deux fluides. Cette hypothèse, si elle permet d'expliquer facilement la plupart des phénomènes, ne peut toutefois être admise entièrement.

Distribution de l'électricité à la surface des corps. — 1° *L'électricité se porte à la surface des corps bons conducteurs.* — Quand un corps bon conducteur est chargé d'électricité, cette électricité est uniquement répandue à la surface. On le démontre par l'expérience suivante :

Une sphère creuse en métal A est percée d'une couverture en B ; elle est supportée par un pied isolant en verre. On l'électrise, puis on vient l'explorer avec un *plan d'épreuve* (petit disque de clinquant, monté sur un bâton de gomme laque). Il est évident qu'en touchant un point de la sphère, le plan prend la charge électrique correspondante. En touchant extérieurement la sphère, on recueille de l'électricité (ce qu'on peut constater en l'approchant d'un pendule électrique) tandis qu'en touchant la surface intérieure on ne trouve aucune trace d'électrisation. Il n'y a donc d'électricité libre qu'à la surface extérieure de la sphère.

Fig. 91

2° *La distribution ne dépend que de la forme des corps.* — Nous avons vu que le plan d'épreuve prenait la charge électrique de la portion de surface touchée. Si donc la charge électrique n'est pas la même en tous les points, on le constatera sans peine, les répulsions éprouvées par le pendule étant d'autant plus grandes que la charge est plus considérable.

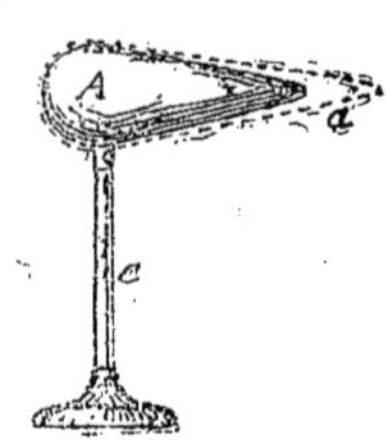

Fig. 92.

Or, on constate que sur une sphère, la charge électrique est la même en tous les points. Dans un corps de forme ovoïde, la charge la plus faible est dans la partie la moins renflée et la plus considérable dans la partie un peu pointue.

Pouvoir des pointes. — L'électricité se porte donc en plus grande abondance sur toutes les parties saillantes, arête, sommet, etc... Sur les pointes aiguës, la charge devient telle qu'elle s'écoule, malgré la résistance de l'air. Ce dégagement est accompagné dans l'obscurité d'une aigrette lumineuse.

Déperdition de l'électricité.— Malgré les précautions prises, les corps conducteurs perdent tous, plus ou moins rapidement, leur électricité. Cette déperdition tient à deux causes :

1° *Déperdition par l'air.* — L'air n'est un isolant à peu près parfait que s'il est très sec. S'il est humide, il devient conducteur à cause de la vapeur d'eau. Mais, même à l'état de sécheresse absolue, il constitue une cause de déperdition. En effet, les molécules d'air voisines du conducteur s'électrisent à son contact et sont alors repoussées ; elles sont remplacées par d'autres qui s'électrisent à leur tour et ainsi de suite. Il y a de ce chef une perte d'électricité d'autant plus grande que la charge est plus considérable.

2° *Déperdition par les supports.* — Les supports isolants ne sont jamais parfaits ; mais ils isolent d'autant mieux qu'ils sont plus secs et plus longs; en particulier le verre ne donne jamais des isolements excellents, en raison de la vapeur d'eau qui se condense à sa surface.

CHAPITRE III

ÉLECTRICITÉ DÉVELOPPÉE PAR INFLUENCE

Electrisation par influence ou induction électrostatique — Quand on approche d'un corps électrisé un corps conducteur non électrisé, ce dernier manifeste, même à distance, des signes d'électrisation. Ce phénomène du développement de l'électricité à distance a reçu le nom d'*influence* ou d'*induction électrostatique.* Le corps électrisé qui agit par influence est dit *inducteur* ; le corps à l'état naturel sur lequel apparaît l'électrisation est dit *induit.*

Première expérience. — *Corps induit isolé.* — Un cylindre en laiton BC monté sur un pied isolant porte suspendues à sa face inférieure, à l'aide de fils conducteurs, des balles de sureau.

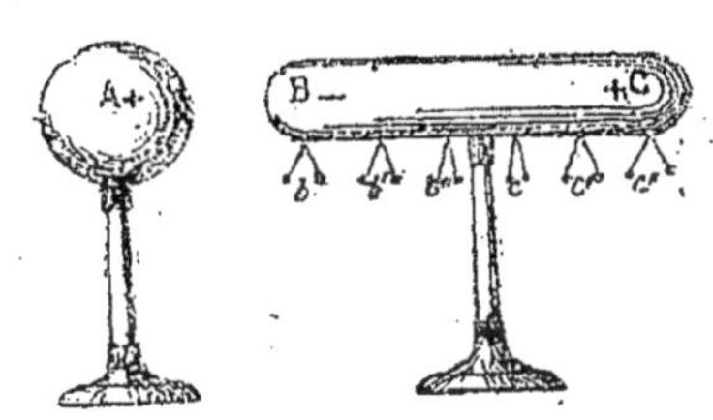

Fig. 93.

On approche de ce cylindre une sphère métallique également montée sur un pied isolant et électrisée positivement, par exemple. Dès que la sphère et le cylindre sont suffisamment rapprochés, les balles de chaque couple s'écartent l'une de l'autre, et la divergence est plus grande pour les couples situés aux extrémités que pour ceux situés dans la partie médiane ; elle augmente lorsque la distance de la sphère et du cylindre diminue. L'électrisation est donc *instantanée.* Si l'on présente aux pendules *b b' b" c c' cc"* un bâton de résine électrisé par le frottement, on constate que l'électricité développée en B est *négative* ; celle développée en C est *positive.*

Dans la région médiane les pendules ne divergent pas, l'électrisation est nulle ; ces points forment la *ligne neutre*.

Si l'on éloigne la sphère du cylindre, l'influence cesse, les deux électricités se recombinent et les pendules ne divergent plus.

Deuxième expérience. — *Corps induit en communication avec le sol.* — Pendant que le cylindre BC est sous l'influence de la sphère A, si on le touche en un *quelconque* de ses points, de manière à le mettre en communication avec le sol, on constate que l'électricité de même nom que celle de la sphère s'écoule tandis que le cylindre conserve seulement celle de nom contraire. Ainsi, dans l'exemple précédent, le cylindre reste chargé d'électricité négative, et tous les couples de pendule divergent. Mais la divergence va en diminuant de l'extrémité B à l'extrémité C, la ligne neutre a disparu. Si on éloigne le corps inducteur après avoir supprimé la communication avec le sol, l'induit reste chargé d'électricité de nom contraire à celle de l'inducteur.

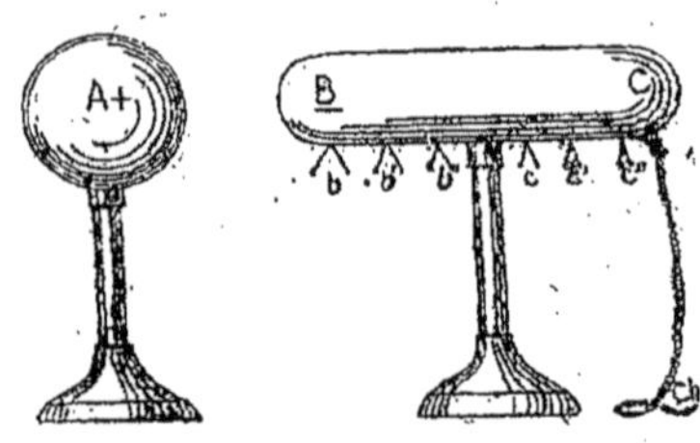

Fig. 94.

Etincelle électrique. — Si, les deux corps se trouvant dans la position représentée pour la première expérience, on les approche de plus en plus, il arrive un moment où les pendules de l'extrémité B retombent. En même temps, une étincelle jaillit entre la sphère et le cylindre. Voici l'explication du phénomène ; les électricités de nom contraire qui existent en A et en B s'attirent et lorsque la distance est suffisamment réduite, leur attraction surmontant la résistance de l'air, elles se recombinent à travers l'espace. Cette combinaison est accompagnée d'un bruit et de lumière. Le cylindre BC reste dès lors chargé d'électricité de même nom que celle de la source.

L'hypothèse de Symmer, exposée au chapitre précédent, permet d'expliquer d'une façon simple les deux expériences fondamentales de l'influence.

Applications de l'influence. — Des appareils importants ont été construits en utilisant les phénomènes d'influence. Nous citerons l'électroscope et les machines électriques.

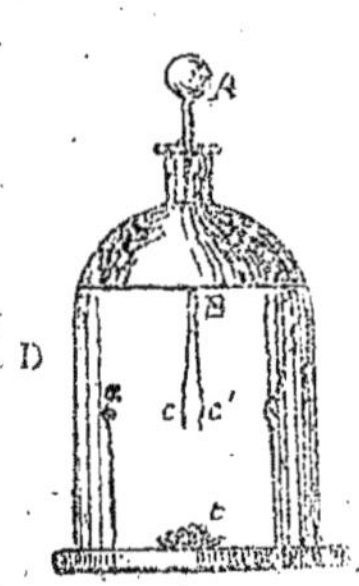

Fig. 95.

Electroscope à feuilles d'or. — L'électroscope est un appareil qui permet de reconnaître si un corps est électrisé et, dans l'affirmative, de quelle électricité il est chargé. Il consiste en une tige de laiton AB terminée en A par une boule métallique et en B par deux feuilles d'or légères *c* et *c'*. Une cloche en verre D, qui sert à la fois de support et d'isolant, porte la tige AB et repose sur un plateau. Pour rendre l'isolement plus parfait, la partie supérieure de la cloche est vernie à la gomme laque.

L'électroscope est utilisé de la manière suivante :

Pour reconnaître si un corps est électrisé, on l'approche lentement de la boule A. S'il y a électrisation, l'électricité du corps agissant à la façon de celle de la sphère dans les expériences d'influence attire dans la boule l'électricité de nom contraire et repousse dans les feuilles l'électricité de même nom, et les deux feuilles étant chargées de la même électricité *divergent*. Si le corps expérimenté n'était pas électrisé, rien de semblable ne se produirait.

Pour reconnaître la nature de l'électricité du corps M, on approche ce corps de la boule qu'on touche avec le doigt. L'électroscope est dès lors un corps induit chargé d'électricité de nom contraire à celle du corps M. Si l'on retire le doigt et ensuite le corps M, cette électricité se répand dans tout l'appareil et les feuilles divergent. Il reste à constater la nature de l'électricité conservée par l'électroscope. Pour cela, on approche de lui un corps chargé d'électricité positive par exemple (bâton de verre frotté avec du drap). Si la divergence des feuilles augmente, c'est que l'électricité de l'électroscope est repoussée par celle du verre. Elles sont donc de même nature et le corps M était par conséquent chargé d'électricité négative.

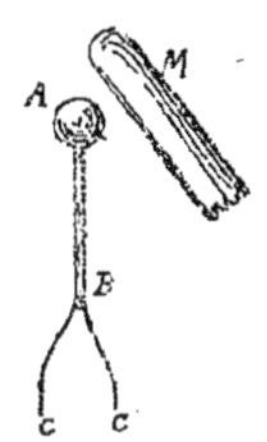

Fig. 96.

Si, au contraire, la divergence diminue, c'est que l'électroscope est chargé d'électricité de nom contraire à celle du verre puisqu'elle est attirée dans la boule. Le corps M était donc chargé d'électricité positive.

Machines électriques. — On a construit un grand nombre de machines destinées à produire de l'électricité engendrée soit par le frottement, soit par l'influence. Voici les deux plus simples :

1. *Electrophore*. — Il se compose : 1° d'un gâteau de résine, ou d'une lame de gutta-percha ou de caoutchouc durci *r*, coulé dans un moule de bois ou mieux dans un moule métallique; 2° d'un disque en bois recouvert de papier d'étain *p*, et muni d'un manche de verre *m*.

Pour obtenir de l'électricité à l'aide de cet appareil, on commence par sécher le gâteau de résine; puis on le frotte avec une peau de chat; il s'électrise alors négativement et comme la résine est un corps mauvais conducteur, l'électricité pénètre dans le gâteau, et s'y maintient comme dans les corps isolants. Si l'on pose alors le disque *p* sur le gâteau de résine, l'influence se manifeste, l'électricité positive est attirée à la face inférieure du disque, tandis que l'électricité négative est repoussée à la face supérieure. En touchant le disque avec le doigt, on fait écouler dans le sol son électricité négative. Cessant alors le contact, et soulevant le disque par le manche isolant en verre, on le trouve chargé d'électricité positive qu'on peut employer pour électriser par contact un corps à l'état naturel. Le disque devient donc une source d'électricité. Lorsqu'il est déchargé, on le recharge comme la première fois en le posant sur le gâteau de résine et le touchant avec le doigt. On a ainsi rapidement la quantité d'électricité nécessaire à certaines expériences, comme la combinaison de gaz sous l'influence de l'étincelle électrique.

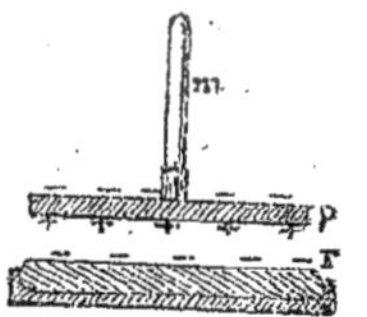

Fig. 97.

2° *Machine électrique de Ramsden.* — Un plateau de verre V tourne autour d'un axe horizontal entre deux paires de coussins BB' qui supportent l'axe. Il passe entre deux peignes p et p' munis de pointes et situés sur un diamètre horizontal. Ces peignes sont fixés à des cylindres AA qu'on nomme les *collecteurs*, reliés entre eux et supportés par des pieds isolants. Les coussins BB' sont mis en communication avec le sol par une chaîne métallique. Le plateau de verre en tournant frotte sur les coussins et se charge d'électricité positive, tandis que l'électricité négative des coussins s'écoule dans le sol. Chaque partie électrisée du plateau arrive devant les peignes ; un phénomène d'influence se produit, le plateau agissant comme conducteur, les peignes et les collecteurs comme induits. L'électricité positive se répand sur les cylindres tandis l'électricité négative est attirée par les pointes ; mais elle s'écoule par elles et vient se combiner avec l'électricité positive du plateau qui se trouve ramené à l'état naturel. Ainsi le plateau étant supposé tourner dans le sens indiqué par les chiffres 1, 2, 3, 4, les secteurs 1 et 3 sont chargés positivement, tandis que les secteurs 2 et 4 sont à l'état naturel.

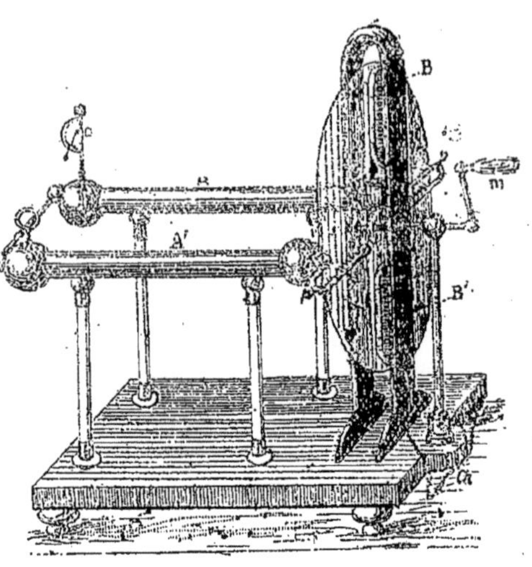

Fig. 98.

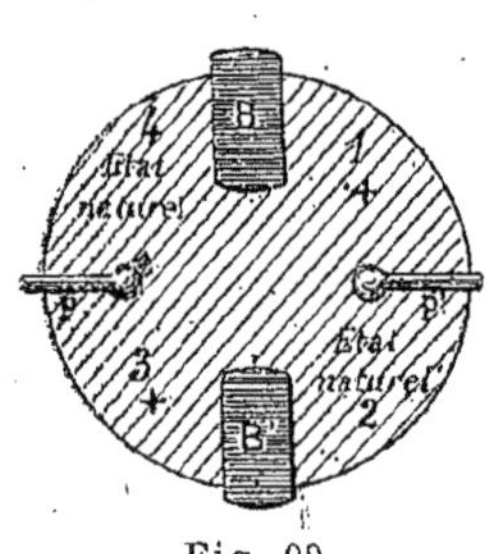

Fig. 99.

Afin d'obtenir avec une machine un bon fonctionnement, il faut que les pieds isolants soient bien secs.

CHAPITRE III

CONDENSATION

Principe de la condensation. — Soit un plateau métallique A monté sur un pied isolant. Mettons-le en communication par une chaîne également métallique avec une source d'électricité positive, par exemple, comme la machine de Ramsden. Ce plateau va se charger d'électricité. Mais il arrivera un moment où il aura reçu sa charge maximum. Approchons alors de lui un deuxième plateau analogue B que nous supposerons d'abord *isolé*. Il devient le siège d'un phénomène d'influence ; la face qui regarde A se charge d'électricité négative, l'autre, d'électricité positive. Mais l'électricité négative de B attire en majeure partie sur la face interne l'électricité positive de A, et une nouvelle quantité d'électricité positive peut passer de la machine sur A ; on accumule ainsi sur A une plus grande quantité d'électricité que celle qu'il pouvait recevoir par la simple charge.

Cette accumulation est appelée *condensation*

La quantité d'électricité qu'aurait pu recevoir le plateau A aurait été encore augmentée si le plateau B, au lieu d'être isolé, avait été mis en communication avec le sol.

En effet, l'électricité positive de B s'écoule dans le sol, et l'effet d'attraction subsistant seul, l'électricité de A vient en plus grande quantité

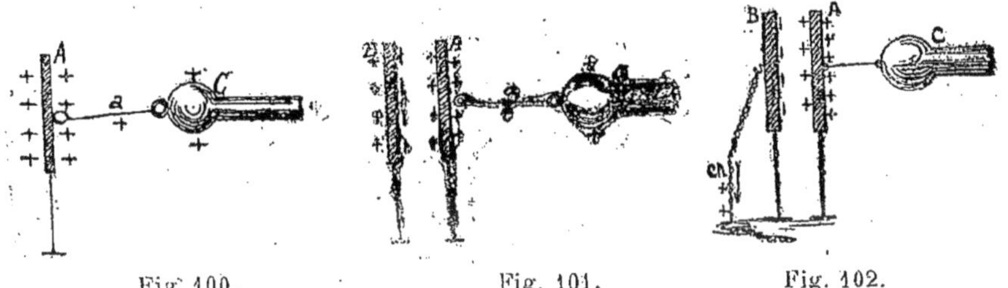

Fig. 100. Fig. 101. Fig. 102.

sur la face interne : ce qui lui permet de recevoir une charge plus considérable que dans le cas précédent.

Le plateau A, sur lequel s'accumule l'électricité, est dit le *collecteur* ; le plateau B, dont la présence produit le phénomène de condensation, est dit le *condenseur*.

Condensateur. — Un condensateur se compose toujours d'un premier conducteur A, communiquant avec une source d'électricité et d'un deuxième conducteur B, mis en relation avec le sol. Les deux conducteurs sont séparés par un corps isolant C.

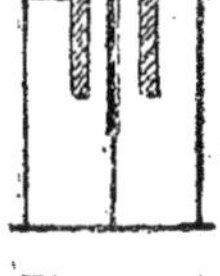

Fig. 103.

Electroscope condensateur. — En appliquant à l'électroscope à feuilles d'or le principe de la condensation, on obtient un appareil représenté ci-contre et qui fournit des divergences sensibles dans des conditions où l'électroscope ordinaire ne donnerait aucune indication.

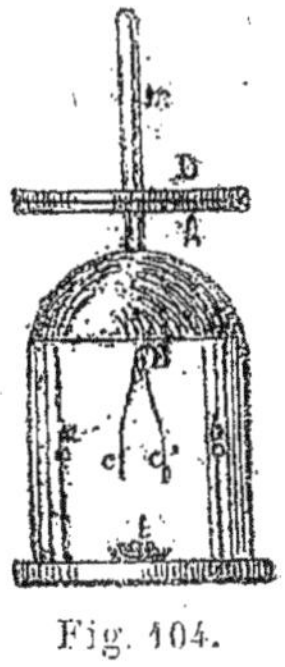

Fig. 104.

Soit, par exemple, à reconnaître l'existence d'une source très faible mais à débit continu : la source sera mise en communication avec le plateau inférieur A du condensateur AD et le plateau supérieur D sera relié avec le sol. Les deux plateaux n'étant séparés que par la mince couche de vernis qui recouvre chacun d'eux, à la surface du contact la condensation se produit et l'électricité fournie par la source s'accumule sur le plateau A, en même temps que l'électricité contraire s'accumule sur le plateau D. On supprime alors les communications avec la source et avec le sol et on enlève le plateau D au moyen de son manche de verre. L'électricité du plateau A se répand aussitôt jusque dans les feuilles et les fait diverger.

Décharge d'un condensateur. — Le condensateur étant chargé, il y a deux manières de le décharger.

1° *Décharge instantanée.* — Les plateaux A et B. (fig. 103), renfermant des électricités de nom contraire, il suffit de les réunir à l'aide d'un corps conducteur pour que la combinaison des deux fluides ait lieu instantanément. On se sert dans ce but de l'*excitateur universel*, formé de deux arcs métalliques articulés à charnière qu'on peut tenir à l'aide de manches isolants en verre. L'une des extrémités sera amenée au contact avec le plateau B et l'autre approchée du plateau A ; une étincelle jaillira et le condensateur sera déchargé.

Fig. 105.

2° *Décharges successives.* — Si l'on touche avec la main le plateau A, l'électricité libre de ce plateau s'écoule dans le sol et son pendule retombe; mais une partie de l'électricité de B n'est pas maintenue sur la face interne et devient libre. On touche alors avec le doigt le plateau B ; les mêmes phénomènes se reproduisent et ainsi de suite. En touchant alternativement les deux plateaux, on conduit graduellement dans le sol la charge qu'ils renferment.

Bouteille de Leyde. — Un flacon en verre D est recouvert d'une feuille d'étain A s'élevant aux deux tiers de sa hauteur. Il est rempli de feuilles de clinquant B dans lesquelles plonge une tige métallique C, terminée extérieurement par une boule, intérieurement par une pointe. La tige et les feuilles constituent l'*armature intérieure* ou *collecteur ;* la feuille d'étain A, *l'armature extérieure* ou *condenseur*, et les deux parties du condensateur sont séparées par le verre du flacon. Pour charger une bouteille de Leyde, on la tient par l'armature extérieure, ce qui la met en communication avec le sol et on relie l'armature intérieure avec une source d'électricité.

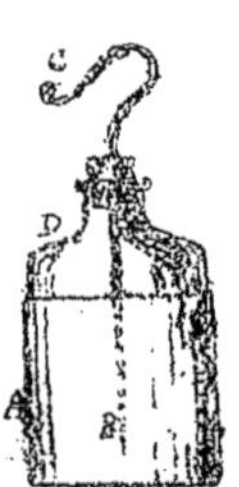

Fig. 106.

Quand on veut obtenir des décharges puissantes, on construit des bouteilles de Leyde de grandes dimensions à l'aide de grands bocaux appelés *jarres*. On peut encore augmenter la puissance des décharges en réunissant plusieurs jarres pour former une batterie. On réunit pour cela toutes les armatures intérieures d'une part et on assemble de même d'autre part toutes les armatures extérieures.

Effets de l'électricité. — Ces effets peuvent être mécaniques, calorifiques, lumineux, chimiques ou physiologiques.

Effets mécaniques. — Les effets mécaniques des décharges électriques sont des déchirements ou des ruptures des corps mauvais conducteurs. Ainsi le verre est percé, le bois, la pierre sont brisés. On réalise dans les cours l'expérience connue sous le nom de *perce-verre* dans laquelle une lame de verre est traversée en BC par l'étincelle de décharge d'une bouteille de Leyde.

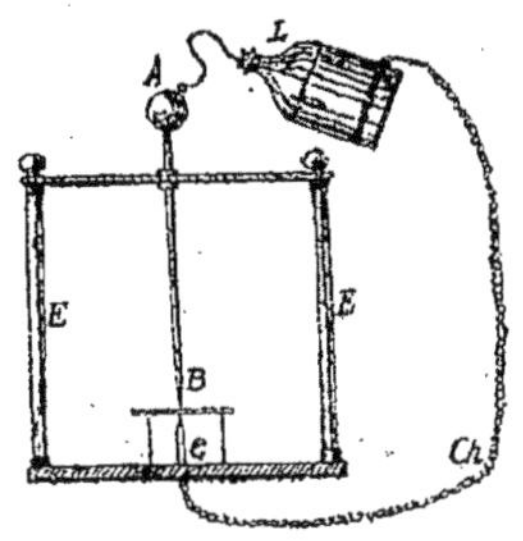

Fig. 107.

Effets calorifiques. — L'étincelle et la décharge électrique produisent toujours un dégagement de chaleur. On peut ainsi enflammer du coton-poudre, ou des liquides comme l'alcool et l'éther. Si l'on fait passer la décharge d'une batterie dans un fil métallique très fin, ce fil est porté au rouge, ou même fondu et volatilisé.

Effets lumineux. — Toute décharge électrique est accompagnée, dans l'air, comme nous le savons déjà, d'une *étincelle* dont la forme et la puissance diffèrent suivant les circonstances.

Lorsqu'elle jaillit à faible distance, elle est rectiligne ; elle devient sinueuse et prend la forme de zigzags si la distance augmente. Dans le vide les choses se passent autrement : au lieu d'une étincelle, on aperçoit une lueur de forme ovoïde entourant les deux extrémités des conducteurs entre lesquels se fait la décharge, et la couleur de la lueur dépend de la nature du gaz qui remplissait le vase avant qu'on ait fait le vide.

Effets chimiques. — L'étincelle électrique peut produire la combinaison de certains corps ; elle peut aussi, inversement, détruire certains composés en les ramenant à leurs éléments. Nous pouvons citer, comme exemple du premier cas, la combinaison de l'oxygène et de l'hydrogène pour former de l'eau et comme exemple du second cas la décomposition du gaz ammoniac en ses éléments azote et hydrogène.

Effets physiologiques. — Lorsqu'on approche le doigt d'une machine électrique et que l'étincelle jaillit, on ressent une secousse, une commotion. Cette commotion est d'autant plus forte que la charge est plus considérable. Elle est due au brusque passage de l'électricité à travers le corps, et il ne se serait rien passé de semblable si le corps humain avait été soumis à une électrisation lente. Ainsi, un expérimentateur monté sur un tabouret isolant place la main sur une machine avant sa mise en marche et n'éprouve aucune sensation pendant la charge de la machine.

Electricité atmosphérique. — L'étincelle électrique ressemble comme forme et comme couleur à l'éclair, et les expériences réalisées à l'aide de puissantes batteries reproduisent en petit les dégâts causés par la foudre.

C'est Franklin qui démontra qu'il y a identité entre la foudre et les décharges électriques.

Foudre. Eclair. Tonnerre. — Les nuages peuvent être électrisés soit positivement, soit négativement: cela dépend de leur mode de formation.

Lorsque deux nuages électrisés différemment se rapprochent suffisamment l'un de l'autre, il jaillit entre eux une forte étincelle et la décharge s'effectue. La même chose peut se produire encore entre un nuage et la terre. La *foudre* est la décharge puissante qui s'opère dans l'un et l'autre cas ; l'*éclair* est la lueur qui accompagne la décharge et le *tonnerre* est le bruit de la décharge elle-même.

Les éclairs offrent plusieurs aspects : les uns ont l'apparence d'un trait de feu en zigzags et à contours nettement arrêtés ; d'autres, beaucoup plus rares, affectent la forme de boules de feu.

Les roulements du tonnerre sont attribués soit à des échos, soit à la superposition des décharges partielles accompagnant la décharge principale.

Effets de la foudre. — Lorsqu'une décharge éclate entre un nuage et le sol, on dit que la *foudre tombe*. Elle frappe de préférence les points les plus élevés, les clochers, les arbres, etc. Aussi ne doit-on jamais chercher un abri sous un arbre. La foudre met le feu aux matières inflammables, fond et volatilise les métaux, détruit les corps mauvais conducteurs, brise les arbres, etc.

L'homme et les animaux peuvent être foudroyés même sans être directement atteints par la décharge. C'est le phénomène du *choc en retour*.

Paratonnerres. — C'est à Franklin qu'est due l'invention des paratonnerres servant à protéger de la foudre les édifices et leurs habitants.

Paratonnerre de Franklin. Ce paratonnerre se compose d'une barre métallique terminée en pointe et mise en communication avec le sol par un conducteur également métallique et non interrompu. Il est fondé sur le pouvoir des pointes qui a été précédemment exposé.

L'électricité qui s'échappe par la pointe du paratonnerre est de nom contraire à celle des nuages qu'elle neutralise. Si cependant, les nuages étant fortement électrisés, une étincelle vient à jaillir, le paratonnerre est frappé de préférence aux objets environnants ; l'électricité s'écoule dans le sol par la chaîne métallique sans causer de dégâts aux objets environnants.

Un tel paratonnerre n'est efficace qu'à deux conditions :

1° Il faut que sa pointe soit bien effilée (emploi d'une pointe en cuivre).

2° La communication avec le sol doit être parfaite, afin qu'en cas de décharge l'électricité puisse s'y échapper sans se répandre sur les objets environnants. On atteint ce but en faisant plonger le câble métallique dans un puits (non dans une citerne) ou dans une nappe d'eau un peu considérable.

Paratonnerres Melsens. M. Melsens, de Bruxelles, a imaginé de substituer au paratonnerre à tige une sorte de cage métallique terminée inférieurement dans le sol et supérieurement par un certain nombre de pointes. Les paratonnerres de ce modèle sont plus efficaces et d'un prix de revient moins élevé que les paratonnerres de Franklin.

CHAPITRE IV

ÉLECTRICITÉ DÉVELOPPÉE PAR ACTIONS CHIMIQUES. — PILES

Développement de l'électricité par les actions chimiques. — Si, dans un vase contenant de l'eau légèrement acidulée, on plonge deux lames métalliques, l'une de zinc et l'autre de cuivre, aucun phénomène ne se produit tant que les lames restent séparées. Mais si on les réunit par un fil métallique, une action chimique se révèle dans le liquide par dégagement de bulles gazeuses. Le zinc est attaqué par l'acide sulfurique, l'eau est décomposée et l'hydrogène se dégage sur la lame de cuivre sans l'attaquer.

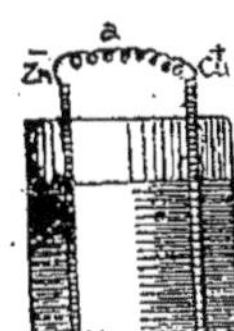

Fig. 108.

En même temps, selon l'hypothèse de Symmer, le fluide neutre du liquide est décomposé. L'électricité positive se porte sur la lame de cuivre, tandis que l'électricité négative se rassemble sur la lame de zinc; de sorte que, par le conducteur métallique a, il y a un passage continuel d'électricité dû à la recombinaison des électricités de noms contraires. La production d'électricité due à l'action chimique commence avec elle pour cesser également avec elle.

Couple électrique. — Courant électrique. — Force électromotrice. — Pile. — L'ensemble des deux lames et du liquide constitue un couple électrique. La lame de cuivre est dite le *pôle positif* (c'est la lame non attaquée) et la lame de zinc (lame attaquée) est dite le *pôle négatif*. Le flux d'électricité qui s'écoule par le conducteur a est appelé *courant électrique*. Il est dû à une différence de tension d'électricité, entre les deux pôles, qu'on nomme *force électromotrice*, c'est-à-dire force produisant le mouvement de l'électricité. Enfin la réunion de plusieurs couples les uns avec les autres forme une *pile électrique*.

Piles à un seul liquide. — Pile de Volta. — La première pile est due au physicien Volta.

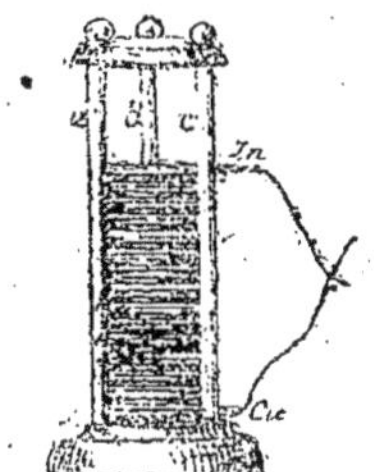

Fig. 109.

Elle consiste en une colonne formée de disques de zinc et de cuivre superposés et soudés deux à deux. Entre chaque couple de disques est interposée une rondelle de drap mouillée d'eau acidulée. On maintient la série de disques entre trois tiges ou colonnes en verre. Le courant électrique est d'autant plus fort que le nombre des disques ou éléments est plus grand.

Pile à tasses. — La pile à tasses n'est pas autre chose que la réunion d'un certain nombre d'éléments semblables à celui qui a été décrit pour l'expérience fondamentale au commencement de ce chapitre. Le cuivre du premier élément est réuni au zinc du second et ainsi de suite.

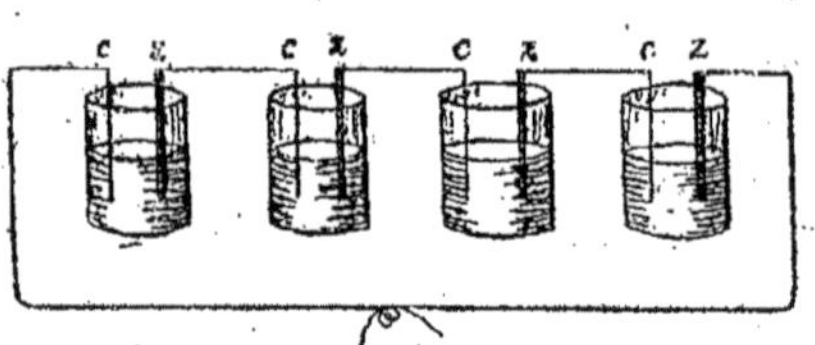

Fig. 110.

Emploi du zinc amalgamé dans les piles. — Nous avons dit que le zinc n'était attaqué que lorsqu'il était en contact métallique avec le cuivre. Ceci n'est rigoureusement exact que dans certains cas. Le zinc impur du commerce est attaqué même lorsque le circuit de la pile n'est pas fermé par le conducteur métallique reliant les deux pôles. Si on substitue à ce zinc ordinaire du zinc amalgamé (alliage de mercure et de zinc), on constate que les lames ne sont plus attaquées tant que le circuit de la pile n'est pas fermé. Chaque fois qu'un des pôles d'une pile est constitué par une lame de zinc, il convient donc d'employer du zinc amalgamé.

Causes d'affaiblissement du courant des piles. — L'action chimique qui produit le courant électrique est accompagnée d'un dégagement d'hydrogène dû à la décomposition de l'eau et qui se porte sur la lame de cuivre. Cette production d'hydrogène est une cause d'affaiblissement pour la pile. En effet, les gaz sont de mauvais conducteurs de l'électricité et l'hydrogène, qui entoure la lame de cuivre, s'oppose au passage de l'électricité positive provenant de la décomposition du fluide neutre du liquide. Il est donc légitime de penser que le fonctionnement de la pile serait amélioré si cette gaîne d'hydrogène était supprimée. Comme on ne peut l'empêcher de prendre naissance, le remède consiste à placer la lame de cuivre dans un milieu qui absorbe l'hydrogène.

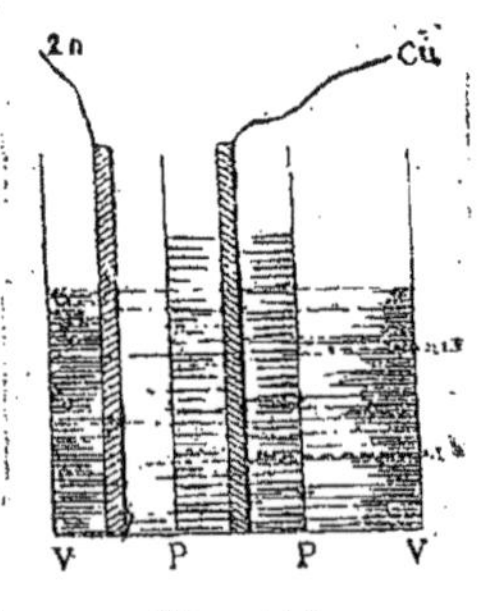

Fig. 111.

C'est ce qu'on a réalisé avec les *piles à deux liquides*, dites encore *piles à courant constant* pour la raison indiquée ci-dessus.

Piles à deux liquides. — Pile Daniell. — Dans le milieu d'un vase en verre VV contenant de l'eau acidulée dans laquelle plonge la lame de zinc, on introduit un vase poreux PP rempli d'une dissolution de sulfate de cuivre. La lame de cuivre qui forme le pôle positif est immergée dans ce vase poreux et est par conséquent entourée par la dissolution du sel.

Lorsque le circuit de la pile est fermé, l'eau est décomposée comme dans l'élément ordinaire, et l'hydrogène traverse le vase poreux pour se rendre sur la lame de cuivre; mais il rencontre la dissolution de sulfate, lui enlève son oxygène pour reformer de l'eau, et, au lieu d'hydrogène, c'est du cuivre qui se dépose sur la lame; de l'acide sulfurique est mis en liberté. Celui-ci traverse le vase poreux et sert à continuer l'action de l'eau acidulée sur le zinc.

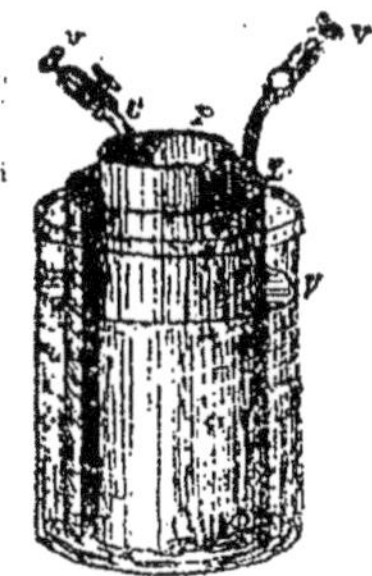

Fig. 112.

Cette pile (fig. 112) donne un courant très constant à condition d'être bien entretenue.

Fig. 113.

Le principal soin doit consister à renouveler le sulfate de cuivre qui a disparu dans la réaction exposée ci-dessus.

Pile Callaud. — A la longue, le vase poreux de la pile Daniell perd de sa perméabilité. Pour remédier à cet inconvénient, M. Callaud a imaginé de le supprimer et d'utiliser, pour séparer les deux liquides, la différence de densité qui existe entre l'eau acidulée et la dissolution de sulfate de cuivre.

Au fond d'un vase en verre est une solution de sulfate de cuivre, puis par-dessus de l'eau acidulée. Un petit cylindre creux de zinc Z, retenu par des crochets, plonge seulement dans l'eau acidulée, tandis que la tige de cuivre C est complètement immergée. La partie de la tige de cuivre qui traverse l'eau acidulée est recouverte d'une couche de gutta-percha, afin que le cuivre soit seulement à nu dans la partie où il est entouré de la dissolution absorbant l'hydrogène. Sans cette précaution, la pile fonctionnerait comme une pile à un seul liquide.

La pile Callaud est aujourd'hui la plus employée dans les grands bureaux de l'administration des télégraphes.

Piles de Grove et de Bunsen. — La pile de Grove se compose d'un vase en verre renfermant de l'eau acidulée dans laquelle plonge une lame de zinc courbée en forme de manchon. Au milieu est placé un vase poreux rempli d'acide azotique et dans lequel est introduite une lame de platine formant le pôle positif.

La pile de *Bunsen* n'est qu'une modification de la pile de *Grove* : par mesure d'économie on a pris comme pôle positif une simple lame de charbon.

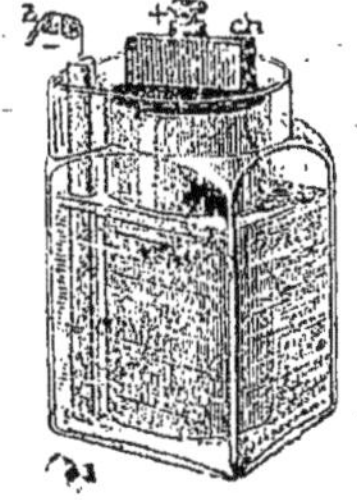

Fig. 114.

Pile Leclanché. — Dans la pile Leclanché, l'absorption de l'hydrogène est réalisée par un corps solide. Il est d'usage cependant de ranger cette pile dans la catégorie des piles à deux liquides, bien qu'elle n'en possède qu'un seul.

Dans un vase en verre de forme quadrangulaire, on

place une dissolution de chlorhydrate d'ammoniaque. C'est dans cette solution que plonge le *bâton* de zinc amalgamé formant le pôle négatif. Le pôle positif est constitué par une lame de charbon enfoncée dans un vase poreux renfermant un mélange de bioxyde de manganèse et de charbon de cornue en gros grains. Lorsqu'on ferme le circuit de cette pile, une action se produit entre le zinc et le chlorhydrate d'ammoniaque de la dissolution. Il y a formation de chlorure de zinc, dégagement d'ammoniaque et d'hydrogène.

L'hydrogène traverse le vase poreux, il y rencontre le mélange de bioxyde de manganèse et de charbon, le bioxyde de manganèse est réduit.

La pile ainsi constituée peut durer très longtemps. Elle ne nécessite d'autre soin que celui d'ajouter de l'eau pour remplacer celle qui s'est évaporée. Aussi est-elle très employée par l'Administration des télégraphes et les Compagnies de chemins de fer pour tous les postes de faible importance et ne travaillant pas d'une manière continuelle. Elle convient particulièrement pour actionner des sonneries électriques. Elle s'affaiblit par un travail prolongé ; mais, dans les intervalles de repos, elle reprend sa force primitive.

CHAPITRE V

EFFETS DU COURANT ÉLECTRIQUE

Effets physiologiques. — Ces effets sont de même nature que ceux qu'on observe avec les condensateurs. En prenant dans les deux mains des fils aboutissant aux deux pôles d'une pile composée d'un certain nombre d'éléments, on éprouve une commotion désagréable. Cette commotion n'est ressentie qu'au moment où le courant commence à passer ou s'arrête, s'il n'est pas très intense.

Effets calorifiques. — Quand on fait passer le courant d'une pile dans un fil fin, ce fil s'échauffe, devient incandescent, fond et se volatilise même, si le fil est suffisamment fin et le courant assez énergique. Avec 30 éléments Bunsen, on peut fondre et volatiliser des fils ténus de fer, de plomb, d'étain, etc. Les effets calorifiques sont d'autant plus puissants que le fil oppose plus de résistance au passage du courant et que celui-ci a plus d'intensité.

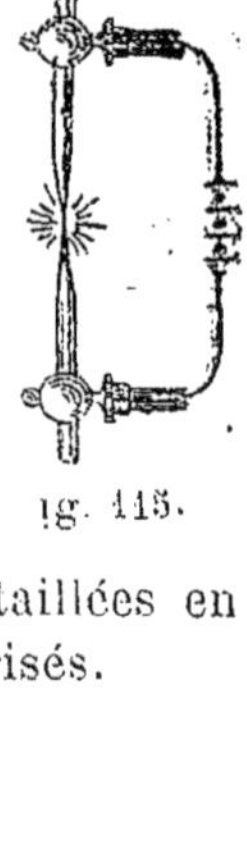

Fig. 115.

Effets lumineux. — Quand on approche l'un de l'autre les deux fils attachés aux deux pôles d'une pile assez puissante, on constate une étincelle analogue à celle que donnent les machines électriques. Mais c'est surtout en faisant communiquer les deux pôles avec deux baguettes de charbon taillées en cône que l'on obtient des phénomènes lumineux bien caractérisés.

Les deux charbons ne sont au contact que par quelques points; il en résulte que le courant rencontre une grande résistance; d'où un dégagement de chaleur considérable qui porte les deux pointes de charbon à l'incandescence. Une fois les charbons allumés, on peut les écarter légèrement et on observe entre les deux extrémités une lumière éclatante. L'ensemble constitue un arc lumineux qu'on a appelé *arc voltaïque*. La température de l'arc voltaïque est une des plus élevées qu'on connaisse; tous les corps y fondent ou s'y volatilisent.

L'arc voltaïque muni d'un régulateur constitue une lampe à arc, utilisée pour l'éclairage public.

Fig. 116.

Lampes à incandescence. — Si on fait passer le courant dans un fil très fin de constitution appropriée L, attaché sur deux fils de platine *m* et *n* isolés l'un de l'autre et qu'on met en communication avec les deux pôles de la source électrique, sous l'influence du courant, ce fil devien incandescent et donne une belle lumière. Mais, afin d'éviter sa volatilisation et sa combustion, on l'enferme dans un petit globe de verre dans lequel on a fait le vide le plus parfait. On obtient ainsi la *lampe à incandescence,* dont l'usage est répandu pour l'éclairage intérieur.

Fig. 117.

Effets chimiques. — Décomposition de l'eau. — On décompose l'eau au moyen d'un appareil appelé *voltamètre*. Le fond d'un vase en verre est percé de deux petits trous dans lesquels on fait passer des fils de platine *p* et *p'*. Le vase étant rempli d'eau légèrement acidulée (plus conductrice que l'eau pure), on dispose deux éprouvettes, A et B, également remplies d'eau acidulée, sur les fils *p* et *p'* qu'on relie aux deux pôles d'une pile. Dès que le courant passe, des bulles de gaz se forment sur les fils de platine et viennent se loger à la partie supérieure des éprouvettes. On constate que celle qui est en communication avec le pôle positif A renferme moitié moins de gaz que celle qui est en relation avec le pôle négatif B. Dans la première, A, le gaz formé est de l'oxygène; dans la seconde, B, c'est de l'hydrogène.

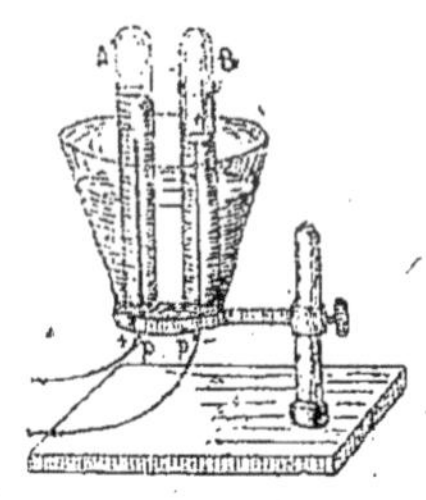

Fig. 118.

Définitions. — Les substances qui, comme l'eau, sont décomposées par le courant et dont les éléments sont complètement séparés ont reçu le nom *d'électrolytes ;* l'opération de décomposition, qui est en somme une analyse électrique, s'appelle *électrolyse*. Les lames ou fils de platine sur lesquelles s'opère la décomposition sont les *électrodes*.

Décomposition des composés binaires. — La plupart des corps composés qui résultent de l'union de deux corps simples, et que pour cette raison on appelle composés binaires, sont décomposés comme l'eau par le courant. Davy a opéré ainsi la décomposition de la potasse et de la soude, ce qui l'a conduit à la découverte des métaux alcalins. Un morceau de potasse était placé sur une lame de platine en communication avec le pôle positif d'une pile, dont le pôle négatif était attaché à une électrode qu'on plaçait sur la potasse. La décomposition se produisait ; l'oxygène se rendait au pôle positif, et le métal au pôle négatif, comme l'hydrogène dans la décomposition de l'eau ; mais le potassium, métal très oxydable, brûlait dans l'air au fur et à mesure de sa formation.

Pour empêcher cette combustion et obtenir le métal lui-même, il suffit de creuser un petit trou dans le morceau de potasse, on y verse du mercure et l'on y plonge l'électrode négative. Le mercure et le potassium forment un amalgame.

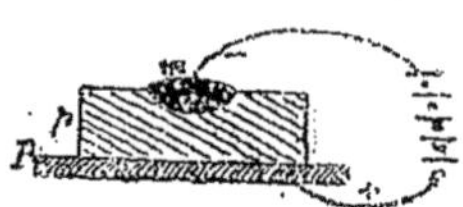

Fig. 119.

Décomposition des sels. — Lorsqu'on soumet à l'action du courant un sel oxygéné, il se décompose toujours de la manière suivante. Le métal se rend au pôle négatif ; l'oxygène qui lui était uni pour former la base et l'acide vont ensuite se rendre au pôle positif. Ainsi le sulfate de cuivre donnera les résultats suivants :

Au pôle négatif, le cuivre ; au pôle positif, l'oxygène de la base et l'acide.

Application de l'électrolyse à la galvanoplastie. — Quand on plonge les deux pôles d'une pile dans une dissolution d'un sel, le métal de la dissolution se dépose sur le pôle négatif, et si le courant est bien réglé ce dépôt est homogène. Si ce dépôt se produit sur un objet et s'y moule sans y adhérer, c'est de la *galvanoplastie*. Si le dépôt adhère aux objets ou recouvre la surface sans en altérer la forme, c'est de l'*électrochimie*.

Galvanoplastie. — Pour reproduire un objet quelconque, médaille, pièce de monnaie, par *galvanoplastie*, on en fabrique d'abord un moule en *creux*, c'est-à-dire dans lequel les reliefs de l'objet correspondent aux creux du moule et réciproquement. La substance employée dans ce but est la *gutta-percha*. On enduit le moule de plombagine pour le rendre conducteur. Puis on place ce moule dans une dissolution d'un sel du métal avec lequel on veut obtenir la reproduction. S'il s'agit du cuivre, on emploie le sulfate de cuivre et on amène dans la dissolution les deux pôles d'une pile en ayant soin de mettre le pôle négatif en communication avec l'électrode supportant le moule. Par l'électrolyse du liquide, le cuivre de la dissolution se dépose sur le moule ; en même temps, si l'électrode positive est

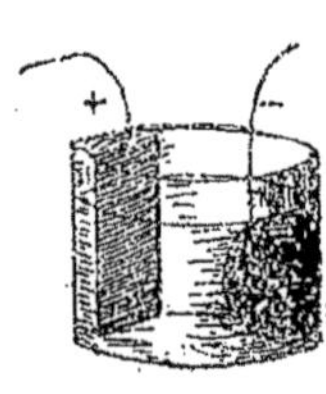

Fig. 120.

constituée par une lame de cuivre, celle-ci se dissout et rend à la dissolution le métal qu'elle a perdu, et la dissolution reste saturée.

Electro-chimie. — Le but de l'électro-chimie, c'est de recouvrir un métal commun d'un métal précieux ou inaltérable sans changer les détails de la surface de l'objet, tout en assurant une adhérence parfaite entre celui-ci et le dépôt. L'argenture, la dorure et le nickelage en sont les principaux exemples.

Les objets à recouvrir ayant été préalablement décapés, séchés et polis, on les introduit comme pour la galvanoplastie dans un bain renfermant une dissolution d'un sel du métal qu'on veut déposer. L'électrode positive est constituée par une lame du même métal. Le passage du courant décompose le liquide, entraîne le métal au pôle négatif sur l'objet et la dissolution de l'électrode positive maintient la saturation. Les bains employés sont les suivants :

Pour l'argenture, c'est le cyanure d'argent; pour la dorure, c'est le chlorure d'or; pour le nickelage, c'est du sulfate d'ammoniaque et de nickel. — A leur sortie du bain, dans lequel on les laisse plus ou moins longtemps suivant l'épaisseur à obtenir pour le dépôt, les objets sont lavés à l'eau distillée, puis séchés dans la sciure de bois.

CHAPITRE VI
MAGNÉTISME

Aimants naturels et aimants artificiels. — Substances magnétiques. — Un oxyde de fer naturel, l'oxyde magnétique de fer, jouit de la propriété d'attirer le fer et quelques autres métaux, nickel, chrome, cobalt, etc. Cette propriété a reçu le nom de *magnétisme*, le corps qui la produit celui d'*aimant*, et les substances sur lesquelles s'exercent les propriétés attractives de l'aimant sont dites *substances magnétiques*.

Il existe des aimants artificiels qui présentent cet avantage qu'on peut leur donner les formes et les dimensions convenables au but qu'on se propose.

Pôles des aimants. — Ligne neutre. — Supposons un barreau prismatique aimanté et plongeons-le dans la limaille de fer, on la verra adhérer surtout aux extrémités du barreau, où elle viendra former des houppes de grains serrés les uns contre les autres. L'adhérence diminue quand on s'éloigne des extrémités, pour devenir nulle dans la partie médiane du barreau. La ligne médiane où l'attraction cesse a reçu le nom de ligne neutre et les deux points P et P', qui paraissent être le centre des actions attractives, s'appellent les *pôles* de l'aimant.

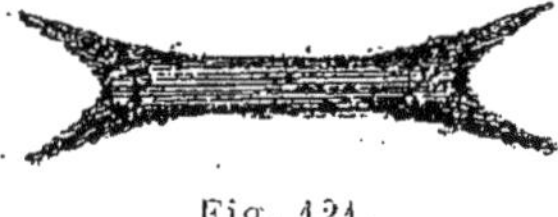

Fig. 121.

Distinction des pôles. — Si l'on place une aiguille aimantée sur un pivot et qu'on l'abandonne à elle-même, on la voit, après une série d'oscillations, venir se fixer dans une position invariable à laquelle elle revient lorsqu'on l'en écarte. La direction prise par l'aiguille aimantée est très sensiblement celle du *nord* au *sud*. Les deux pôles ne sont pas identiques à eux-mêmes : on nomme pôle *nord* celui qui se tourne vers le nord et pôle sud celui qui se dirige vers le *sud*.

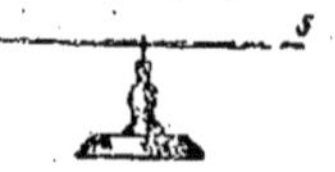

Fig. 122.

Actions mutuelles des deux pôles. — Les pôles de deux aimants ayant été définis, approchons du pôle nord N de l'aiguille aimantée montée sur pivot, le pôle nord N' d'un autre aimant qu'on tiendra à la main, on remarquera une vive répulsion. Le même phénomène se produira si on approche du pôle sud de l'aiguille le pôle sud de l'aimant N' S'. Au contraire, il y a attraction lorsqu'on présente le pôle N' au pôle S, ou le pôle S' au pôle N.

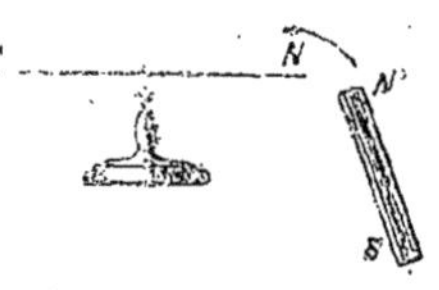

Fig. 123.

D'où cette loi : *les pôles de même nom se repoussent : les pôles de noms contraires s'attirent.*

Pôles terrestres. — On explique la direction constante de l'aiguille aimantée par un aimant terrestre de pôles de noms contraires à ceux de l'aiguille.

Ces pôles ont reçu les noms de pôle *boréal* pour celui qui est situé dans l'hémisphère boréal, et de pôle *austral* pour celui qui est situé dans l'hémisphère austral.

En vertu de la loi précédente, le pôle d'une aiguille aimantée qui se tourne vers le sud doit être un pôle de nom contraire à celui qui lui correspond dans l'aimant terrestre. Donc le pôle *nord* d'un aimant peut être appelé pôle *austral*, et de même le pôle *sud* est un pôle *boréal*, et il faut bien retenir que le pôle *austral* correspond à l'extrémité *nord* et le pôle boréal à l'extrémité *sud*.

Théorie du magnétisme. — La théorie du magnétisme aujourd'hui admise a été imaginée par Ampère. Antérieurement, les phénomènes magnétiques étaient expliqués au moyen d'une autre hypothèse, présentant la plus grande analogie avec celle faite par Symmer pour les phénomènes électriques : c'est *l'hypothèse des deux fluides magnétiques*.

Elle consistait à admettre l'existence de deux fluides, l'un boréal, l'autre austral, du nom des pôles d'aimants où leurs actions sont prépondérantes. Chacun de ces fluides jouirait de la propriété d'attirer le fluide de nom contraire et de repousser celui de même nom.

Un barreau non aimanté contiendrait en chacun de ses points des quantités égales des deux fluides qui se neutralisent ; l'opération d'aimantation n'aurait donc d'autre effet que de séparer ces fluides en les accumulant chacun dans une des moitiés du barreau. En sorte qu'un barreau aimanté ne peut jamais présenter les propriétés d'un des fluides à l'une des extrémités sans présenter celles de l'autre fluide à l'autre extrémité.

C'est là en effet une différence entre les phénomènes électriques et les phénomènes magnétiques. En électricité, un corps peut être chargé avec une seule électricité. Au contraire, tout corps aimanté renferme les deux propriétés magnétiques.

Aimantation par influence. — 1° *Aimantation du fer.*

Le fer pur ou *fer doux* ne présente nullement des propriétés magnétiques. Plaçons un petit barreau de fer doux à une petite distance d'un barreau aimanté dont les pôles sont en A le pôle austral, en B le pôle boréal. Le morceau de fer doux s'aimante par influence et si on cherche à reconnaître la nature des pôles qui y sont développés, on trouve en *a* un pôle austral et en *b* un pôle boréal. Le fluide austral a été attiré dans la partie voisine de B, tandis que le fluide boréal a été repoussé à l'autre extrémité du barreau.

Fig. 124.

L'aimantation acquise par le fer est tout à fait temporaire, elle cesse dès que l'aimant produisant l'influence est éloigné. C'est là une propriété caractéristique du fer et par laquelle il se distingue de l'acier (Voir § 2° ci-après).

La même aimantation prend naissance au contact du fer doux avec le barreau aimanté, et si le petit barreau de fer n'est pas trop pesant, on peut le suspendre à l'aimant.

Fig. 125.

2° *Aimantation de l'acier. Force coercitive* — Un barreau d'acier trempé *ab* placé dans le voisinage d'un aimant AB, comme le fer doux des expériences précédentes, donne lieu aux mêmes phénomènes d'aimantation. Mais, entre l'acier et le fer doux, il existe des différences notables : l'aimantation n'apparaît pas tout de suite dans l'acier ; en revanche, une fois que l'acier a acquis une aimantation appréciable, il la conserve même quand on éloigne l'aimant qui a servi à la développer.

Fig. 126.

On explique cette différence par l'existence d'une force qui s'oppose à la séparation comme à la recombinaison des deux fluides et qui a reçu le nom de *force coercitive.*

Aimant brisé. — Théorie de Coulomb. — Supposons un aimant AB et soit MN sa ligne neutre. Brisons-le par le milieu. Chacun des deux fragments constitue un nouvel aimant avec ses deux pôles et ainsi de suite.

Cette expérience, en contradiction avec l'hypothèse des deux fluides, s'explique par la théorie de Coulomb.

Fig. 127.

Avant l'aimantation, les deux fluides sont réunis et se neutralisent. Après l'aimantation, les fluides sont séparés dans *chaque molécule*, sans s'accumuler aux extrémités. Considérons différents molécules sur une ligne droite. Les fluides sont séparés en *a* et *b*; mais pour toutes les molécules, sauf la première et la dernière, l'action du fluide *b* d'une molécule est neutralisée par l'action du fluide *a* de la molécule voisine; il ne reste aux deux extrémités qu'une molécule de fluide austral et une de fluide boréal qui expliquent les actions prédominantes des pôles.

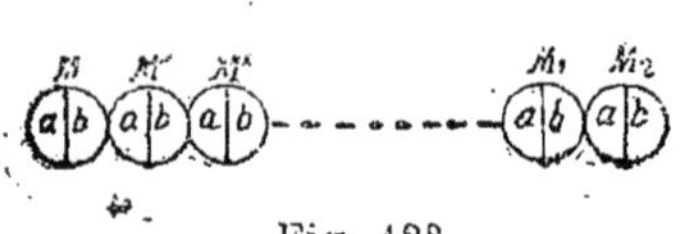
Fig. 128.

Dès lors, l'expérience de l'aimant brisé est facilement explicable. Au moment de la rupture, chaque fraction renferme toujours un nombre entier de molécules et les deux molécules qui étaient précédemment au contact cessent d'y être. Les fluides extrêmes apparaissent pour former en *a* et *b* deux pôles de noms contraires.

Procédés d'aimantation. — Les diverses sources d'aimantation sont les aimants puissants, le magnétisme terrestre et l'électricité.

Un barreau donné ne peut acquérir qu'une certaine aimantation. Lorsqu'elle est atteinte, ce barreau est dit aimanté *à saturation*.

Aimantation par les aimants. — Trois méthodes sont en usage.

1° Procédé de la simple touche. — Il consiste à frotter l'aiguille à aimanter avec l'extrémité d'un aimant puissant qu'on fait passer d'un bout à l'autre de l'aiguille et *toujours dans le même sens*. Le dernier bout touché présente un pôle de sens contraire à celui qui a servi pour opérer les frictions; l'aimantation est faible.

Fig. 129.

2° Procédé de la touche séparée. — Il est employé pour aimanter les aiguilles des boussoles.

Deux aimants puissants, AB, A'B', sont placés horizontalement, séparés par une cale en bois C, leurs pôles de nom contraires A et B' se regardent; au-dessus on pose en MN la barre à aimanter. Puis on prend dans chaque main un barreau aimanté (*ab* par l'une, *a' b'* par l'autre) de telle sorte que le pôle de chacun d'eux corresponde aux pôles A et B, (soit *a* pour le barreau *ab* et *b'* pour le barreau *a' b'*). On les fait alors glisser l'un vers la gauche et l'autre vers la droite.

Fig. 130.

Ce mouvement terminé, on enlève les deux barreaux en même temps, on les reporte au milieu et on recommence l'opération. On voit qu'ainsi l'action superposée des deux pôles A et *a* développe en M un pôle de nom opposé, c'est-à-dire un pôle boréal. Les pôles B' et *b* développent au contraire en N un pôle austral.

3° Procédé de la double touche. — Le barreau MN à aimanter étant disposé au-dessus de deux aimants AB, A'B', comme dans l'expérience précédente, on le frotte à l'aide de deux aimants, *ab*, *a' b'*, dont les pôles de noms contraires *a* et *b* sont en contact avec lui, en les faisant glisser, *sans les séparer* l'un de l'autre, vers une des extrémités M, puis vers l'autre extrémité N., et l'on termine l'opération après avoir parcouru le barreau MN un nombre entier de fois en s'arrêtant en son milieu. Un pôle boréal est développé en M tandis qu'un pôle austral prend naissance en N.

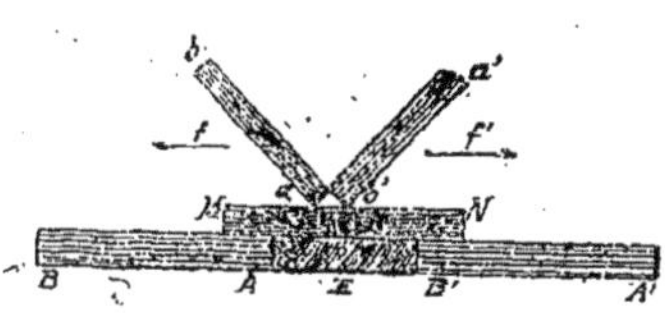

Fig. 131.

Conservation des aimants. — Il peut arriver que, sous l'influence soit de la terre, soit d'autres aimants voisins, les fluides magnétiques se déplacent; il en résulte une diminution dans l'aimantation du barreau.

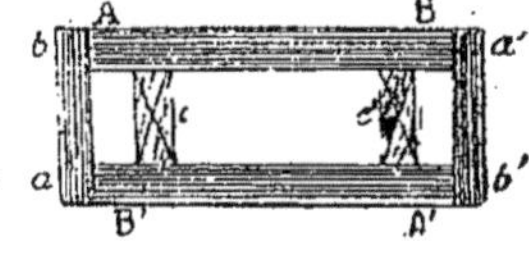

Fig. 132.

Pour empêcher ces accidents, on fait emploi d'*armures* ou pièces de fer doux qu'on met en contact avec les pôles de noms contraires pour conserver le magnétisme et même pour l'augmenter, grâce à une action d'influence.

Action de la terre sur les aimants. — Si on abandonne à elle-même une aiguille aimantée suspendue librement par son centre, elle s'oriente dans un plan qu'on appelle *méridien magnétique*. En même temps, elle s'incline d'un certain angle sur l'horizon.

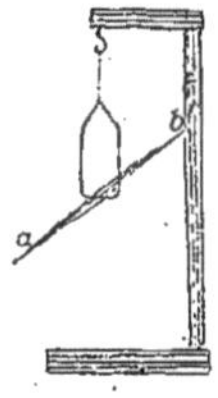

L'angle du méridien magnétique et du méridien géographique est dit *déclinaison ;* l'angle de l'aiguille avec l'horizon est dit *inclinaison*.

Fig. 133.

Boussoles. — La boussole est un instrument fondé sur la propriété que possède l'aiguille aimantée mobile dans un plan horizontal de tourner une de ses extrémités vers le nord. Elle permet donc de retrouver le sud avec certitude lorsque les indications astronomiques qui décèlent sa position font défaut. Mais il faut tenir compte de la *déclinaison*. En effet, l'aiguille aimantée se place dans la direction du méridien magnétique, lequel faitavec le méridien géographique un angle égal à la déclinaison : cet élément étant variable, des documents précis donnent sa valeur à chaque momemt.

Fig. 134.

CHAPITRE VII

ÉLECTRO-MAGNÉTISME. — ÉLECTRO-DYNAMIQUE. — AIMANTATION PAR LES COURANTS

I. — Electro-magnétisme. — Cette partie de la physique comprend l'étude des actions des courants sur les aimants et les actions réciproques.

Expérience d'Œrsted. — Vers 1820, Œrsted constata que si dans un fil $x\ y$ on fait passer un courant au-dessus d'une aiguille aimantée, l'aiguille se trouvait deviée de sa position d'équilibre et tendait à se placer en croix avec le courant. Le sens de la déviation de l'aiguille dépendait du sens du courant dans le fil $x\ y$ et de la position relative du fil et de l'aiguille. Ainsi le courant allant de y vers x et le fil se trouvant au-dessus de l'aiguille, celle-ci se déplaçait dans le sens indiqué par la flèche, et son pôle austral, primitivement au nord, venait à l'ouest ; il venait au contraire à l'est quand le courant marchait de x vers y).

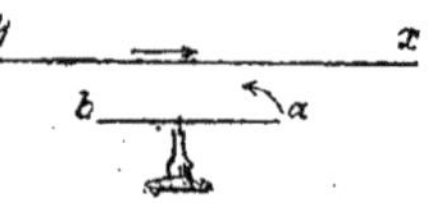

Fig. 135.

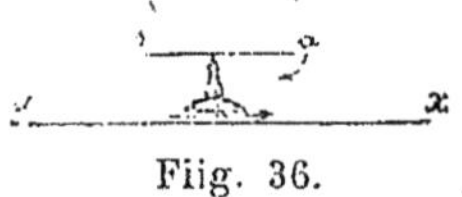

Fiig. 36.

Les résultats étaient inverses si le fil $x\ y$ était au-dessus de l'aiguille (pôle a à l'est pour un courant allant de y vers x et à l'ouest pour un courant allant de x vers y.

Règle d'Ampère. — Ampère a formulé une règle qui permet de déterminer le sens du déplacement de l'aiguille aimantée.

Un courant rectiligne agissant sur une aiguille aimantée tend à la placer dans une position perpendiculaire à la sienne et de telle sorte que le pôle austral soit à la gauche du courant.

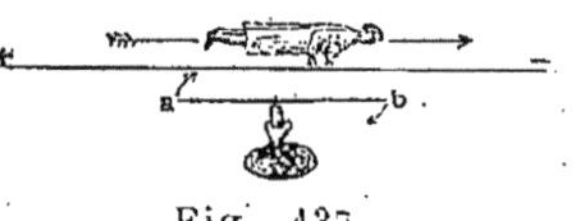

Fig. 137.

Pour définir ce qu'il convient d'entendre par la gauche du courant, Ampère suppose un observateur couché sur le fil de telle sorte que le courant entre par les pieds et sorte par la tête ; le visage de l'observateur est tourné du côté de l'aiguille aimantée. La gauche de l'observateur ainsi placé est la gauche du courant.

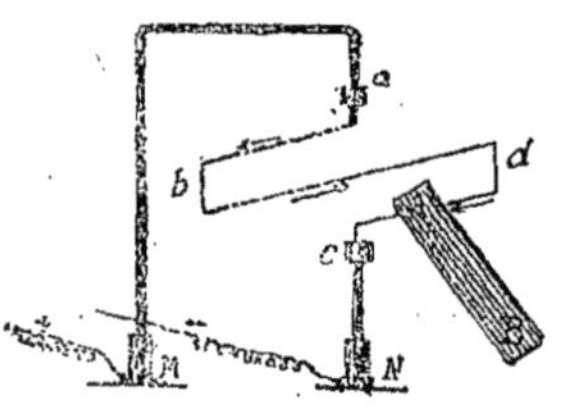

Fig. 138.

Si l'aimant est fixe et le courant mobile, c'est ce dernier qui se met en croix avec l'aimant, le pôle austral étant toujours à la gauche du courant.

Application à la mesure de l'intensité des courants. —Dans l'expérience d'Œrsted, l'aiguille aimantée est soumise à deux forces, savoir : l'action du courant qui tend à la placer perpendiculairement à la direction nord-sud, et celle de la terre qui tend au contraire à l'y ramener. Sous l'influence de ces deux actions, l'aiguille s'arrête dans une position intermédiaire en *ab*. Or l'action de la terre sur une aiguille aimantée donnée est toujours la même. Il en résulte que si l'action du courant devient plus considérable, l'aiguille sera déviée davantage. Comme cette action augmente avec l'intensité du courant, on conçoit que plus le courant sera énergique, plus grande sera la déviation de l'aiguille.

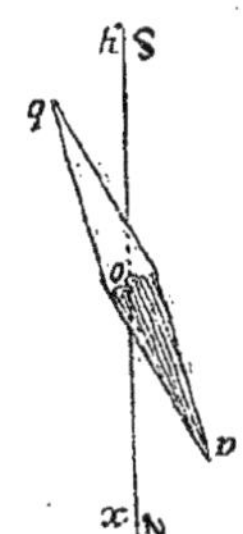

Fig. 139.

L'action de la terre étant appréciable, si le fil est parcouru par un courant faible, sa déviation sera trop légère pour être facilement aperçue. On a donc eu recours à diverses dispositions ayant pour but soit de diminuer l'influence de la terre, soit d'augmenter celle du courant.

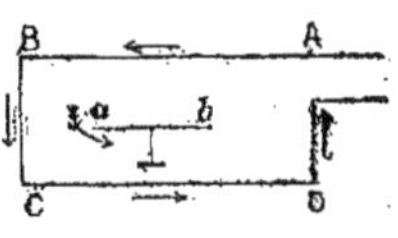

Fig. 140.

Multiplicateur. — On augmente l'influence du courant en plaçant l'aiguille aimantée au centre d'un cadre rectangulaire sur lequel le fil est enroulé un certain nombre de fois. L'application de la règle d'Ampère à un cadre ABCD parcouru par un courant, montre que toutes les parties du cadre AB, BC, CD, DA contribuent à dévier l'aiguille de telle sorte que son pôle austral vienne en avant du plan de la figure.

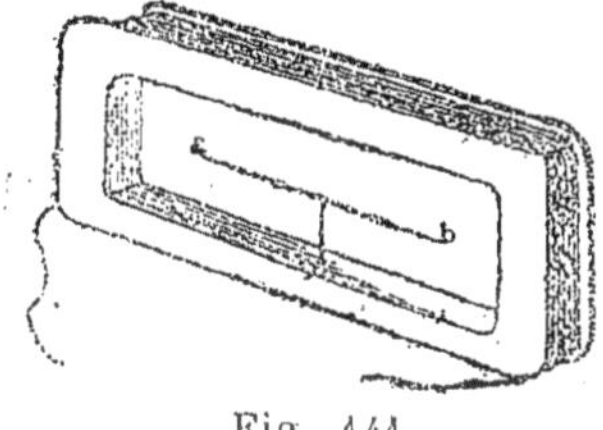
Fig. 141.

Si donc on enroule le fil sur un cadre en bois toujours dans le même sens, et un grand nombre de fois, on obtiendra des spires dont les actions seront toutes concordantes sur l'aiguille aimantée placée à l'intérieur. Afin d'avoir des spires réellement distinctes, on a soin de recouvrir le fil conducteur d'une enveloppe isolante.

Système d'aiguilles astatiques. — Dans le multiplicateur, si on augmente l'influence du courant, on n'atténue pas celle de la terre qui tend à ramener l'aiguille dans sa position d'équilibre. Cette atténuation est obtenue par l'emploi d'un système d'*aiguilles astatiques*.

Considérons un système de deux aiguilles aimantées *ab*, *a'b'*, monté sur le même axe *c*, de manière que le système ne puisse se mouvoir que d'une pièce. Si ces aiguilles sont opposées par leurs pôles de noms contraires et que leurs actions magnétiques se contrebalancent, le système sera complètement soustrait à l'action de la terre et se tiendra en équilibre dans une position quelconque. En effet, si l'action des pôles de l'aimant terrestre exerce une attraction sur le pôle *a*, il exercera une répulsion égale et contraire sur le pôle *b'* et ainsi de suite. En fait, il n'y a jamais astatie absolue.

Fig. 142.

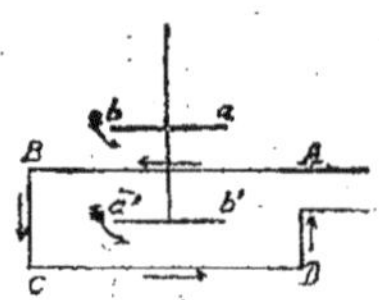

Fig. 143.

En combinant, ainsi que l'indique la figure ci-contre, le multiplicateur précédent avec un système d'aiguilles astatiques, on obtient un appareil d'une grande sensibilité, utilisé pour les mesures de précision.

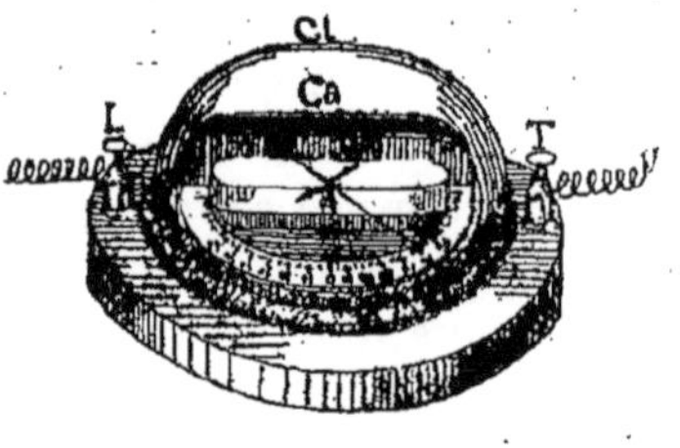

Fig. 144.

Galvanomètres. — Les galvanomètres sont des instruments destinés à mesurer l'intensité des courants. Leur construction découle des observations précédentes.

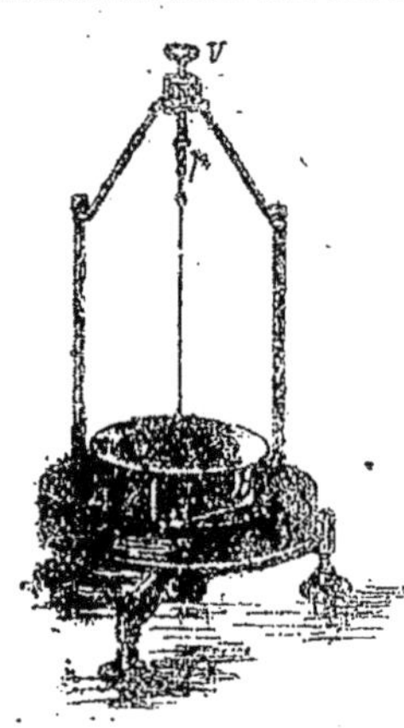

Fig. 145.

Lorsqu'il s'agit de galvanomètres ordinaires, on se contente de placer sur un cercle gradué un cadre multiplicateur C*a* sur lequel on enroule un fil isolé un certain nombre de fois. Une aiguille aimantée est placée au centre du cadre. Le cadre et l'aiguille sont orientés au repos dans le plan du méridien magnétique. Deux bornes, L et T, sont en communication avec les deux extrémités du fil de la bobine. On y attache les deux bouts du fil dans lequel circule le courant dont on veut mesurer l'intensité.

S'il s'agit de galvanomètres plus précis, on emploie le multiplicateur, avec aiguilles astatiques *ab*, *a'b'*, soutenues par un fil de cuivre dans un cadre métallique. L'aiguille supérieure *ab* se déplace au-dessus d'un cadran gradué et le fil du multiplicateur aboutit, comme dans le modèle précédent, à deux bornes auxquelles on attache les fils conducteurs dans lesquels circule le courant à mesurer.

II. — **Electro-dynamique.** — L'électro-dynamique est l'étude de l'action des courants sur les courants. Les principes fondamentaux de ces actions sont au nombre de trois.

1° Principe des courants parallèles. — *Deux courants parallèles et de même sens s'attirent ; deux courants parallèles et de sens contraires se repoussent.*

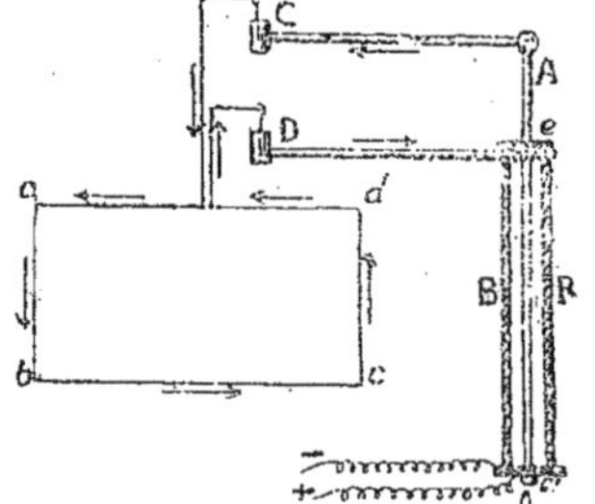

Fig. 146.

Deux colonnes métalliques A et B isolées l'une de l'autre (A à l'intérieur de B) sont mises en communication avec les deux pôles d'une pile. Ces colonnes portent des bras terminés en C et D par des godets dans lesquels viennent plonger les extrémités d'un circuit métallique *CabcD*. Si la colonne A est en communication avec le pôle positif et la colonne B avec le pôle négatif, le courant circule dans le sens indiqué par les flèches et le petit cadre *abcd* est mobile autour des points C et D. Approchons de lui un cadre sur lequel est enroulé un fil dans lequel circule un courant dans le sens indiqué par les flèches. Si on approche le côté HG du côté *ab* ou le côté EF du côté *cd*, on constate une attraction entre les courants parallèles et de *même sens*. On observe au contraire une répulsion en approchant le côté HG du côté *cd*, dans lesquels les courants sont de *sens contraires*. La loi énoncée est donc vérifiée.

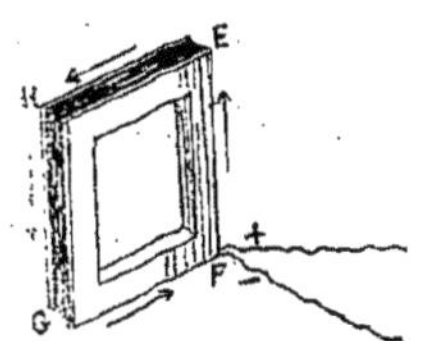

Fig. 147.

2° Principe des courants angulaires. — *Deux courants angulaires s'attirent s'ils s'approchent ou s'ils s'éloignent tous les deux du sommet de l'angle; ils se repoussent si l'un s'approche et l'autre s'éloigne du sommet de l'angle.*

La vérification de cette loi s'opère à l'aide des mêmes appareils.

3° Principe des courants sinueux. *Un courant sinueux a la même action qu'un courant rectiligne de même intensité et ayant les mêmes extrémités* à condition que les spires soient très petites.

Aimantation par les courants. — Cette analogie *des courants et des aimants* a conduit Arago à supposer que l'aimantation des substances magnétiques doit également être développée par les courants. Il constata en effet qu'en plaçant une tige en fer en croix avec un courant, cette tige en fer s'aimantait, et un pôle austral était placé à la *gauche* du courant conformément à la loi d'Ampère.

Aimantation de l'acier. — Pour obtenir l'aimantation d'une aiguille d'acier, on la place au milieu d'une hélice traversée par le courant.

Pour définir la nature des pôles de l'aimant produit, il suffit de supposer l'observateur d'Ampère couché sur une des spires de l'hélice, le courant entrant par les pieds et sortant par la tête. L'observateur regardant l'intérieur de l'hélice, le pôle *austral* prend naissance à sa *gauche* et le pôle boréal à sa droite.

Ainsi, dans une hélice comme celle de la figure 148 et dans laquelle le courant circule dans le sens indiqué par les flèches, le pôle austral se forme en *a* et le pôle boréal en *b*.

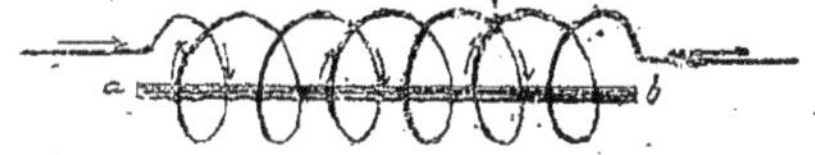

Fig. 148.

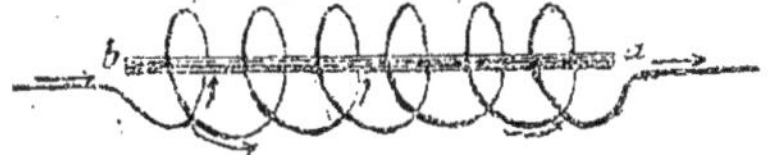

Fig. 149.

Dans l'exemple d'enroulement indiqué à la figure 149, les pôles seraient placés en sens inverse. Pour produire une aimantation puissante, il faut que le nombre des spires soit aussi grand que possible. On fait usage à cet effet de fil isolé à la soie qu'on enroule en spires serrées sur un tube de verre, par exemple.

Il est indispensable que l'enroulement soit régulier. S'il vient à changer de sens, comme il est montré à la figure 150, des *points conséquents*, c'est-à-dire des pôles secondaires, se forment, et l'aimant ainsi obtenu sera beaucoup moins puissant que celui qui n'a que deux pôles.

Fig. 150.

Aimantation du fer doux. — *Electro-aimant.* — Les mêmes phénomènes peuvent être reproduits avec le fer pur ou *fer doux* ; mais dans ce cas, l'aimantation commence avec le courant pour cesser avec lui. On obtient ainsi des aimants très puissants qui peuvent être faits et défaits instantanément. On leur donne le nom d'*électro-aimants.*

L'application la plus importante des électro-aimants est la télégraphie.

Pour produire des signaux à distance, les électro-aimants sont munis d'une armature en fer doux qui est attirée lorsque le courant passe dans le fil de la bobine. Afin de produire cette attraction, il y a intérêt à utiliser à la fois les deux pôles de l'électro-aimant. Dans ce but, l'électro-aimant est construit de la manière suivante : deux pièces en fer doux sont fixées dans un socle de même métal. Chacune des parties verticales est entourée d'une bobine sur laquelle un fil isolé à la soie forme un grand nombre de spires. La sortie de l'une des bobines est en communication avec l'entrée de l'autre ; enfin l'enroulement du fil est exécuté de la même façon sur les deux bobines. Il se développe alors en a un pôle austral par exemple et en b un pôle boréal. Sous l'influence du courant, une armature de fer doux MN s'aimantera par influence et sera attirée au contact avec les pôles de l'électro-aimant. Lorsque le courant cessera, l'armature MN sera ramenée à sa position de repos par un ressort r.

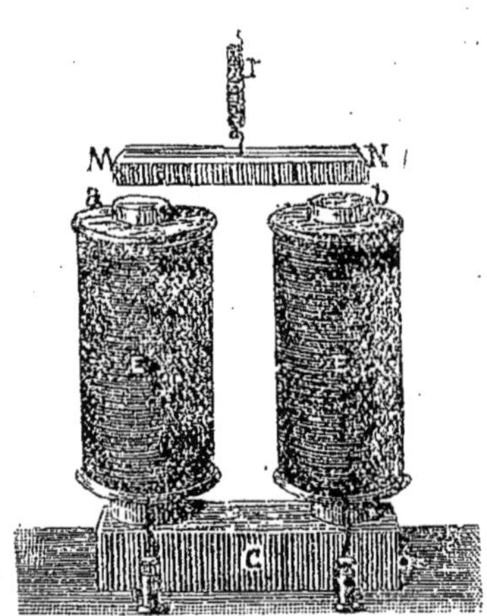

Fig. 151.

Magnétisme rémanent. — Il est difficile d'avoir pour les noyaux de l'électro-aimant du fer parfaitement pur, ou fer doux. Généralement il est

Fig. 152.

légèrement aciéré : il en résulte que l'aimantation ne cesse pas avec le courant. Il en reste encore quelques traces après la cessation du courant. Le magnétisme qui persiste ainsi est dit *magnétisme rémanent*.

Le magnétisme rémanent est nuisible puisqu'il maintient l'armature au contact quand elle ne devrait plus y être. On le combat en collant sur les noyaux de fer doux une feuille de papier *p* qui empêche le contact de l'armature MN et des noyaux.

Électro-aimant à armature aimantée. — On a quelquefois besoin d'électro-aimants dans lesquels l'armature ne soit attirée que sous l'action d'un courant d'un certain sens sans l'être sous l'influence d'un courant de sens contraire. On obtient ce résultat en munissant l'électro-aimant d'une armature aimantée. Soient A et B les pôles. Lorsque le courant circulera dans l'électro de manière à développer en *a* un pôle austral et en *b* un pôle boréal, l'armature AB sera repoussée et si elle est maintenue dans sa position par deux vis butoirs, elle ne bougera pas. Sous l'influence d'un courant de sens contraire, on aura en *a* un pôle boréal et en *b* un pôle austral ; d'où attraction de l'armature qui, après cessation du courant, sera ramenée dans sa position par le ressort *r*.

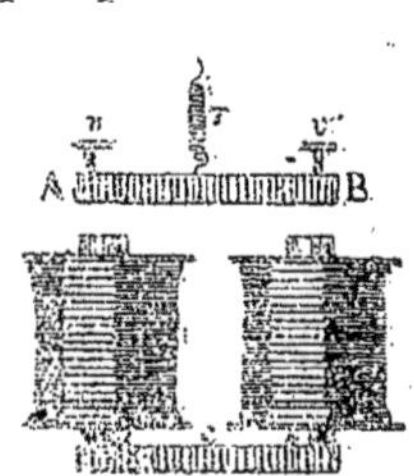

Fig. 153.

CHAPITRE VIII

EFFETS D'INDUCTION

Courants induits. — Prenons une bobine B recouverte d'un fil long et fin dont les deux extrémités sont reliées aux deux bornes d'un galvanomètre G. Approchons d'elle une deuxième bobine B' dans laquelle circule le courant d'une pile P. On verra l'aiguille du galvanomètre brusquement déviée, puis revenant à sa position primitive. Ce qui démontre que le circuit de la bobine B a été traversé par un courant électrique intense, mais instantané.

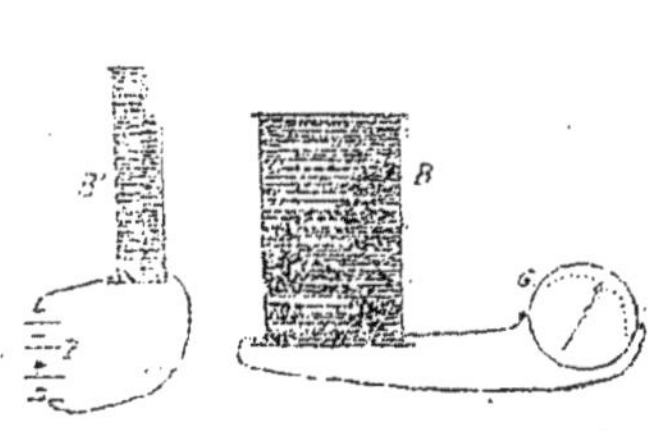
Fig. 154.

Les mêmes constatations peuvent être faites si l'on introduit brusquement un aimant dans le milieu de la bobine B. Les courants qui prennent ainsi naissance sont dits *courants induits* ou *courants d'induction*. Leur étude a été faite par Faraday.

Dans l'expérience précédente, la bobine B est dite bobine *induite* et la bobine B' bobine *inductrice ;* si c'est un aimant qui produit le phénomène d'induction, l'aimant est *inducteur*.

I. INDUCTION PRODUITE PAR UN COURANT. — 1° Quand on approche du circuit B (contenant le galvanomètre) la bobine inductrice B' renfermant la pile, il y a production d'un courant induit et le galvanomètre indique par sa déviation que le circuit B a été parcouru par un courant de *sens inverse* à celui qui circule dans B'. Si on éloigne alors brusquement la bobine B' de la bobine B, on constate la production d'un second courant induit ; mais l'aiguille du galvanomètre indique que, cette fois, le courant induit est de *même sens* que celui de la bobine B'. — Ces courants induits ont reçu les noms de courant *induit inverse* et courant *induit direct*.

2° Plaçons la bobine B' à l'intérieur de la bobine B sans que l'une des extrémités du fil de B' soit reliée à la pile P. Au moment où cette liaison sera faite, le circuit B' sera parcouru par un courant *induit inverse ;* on constatera au contraire un courant *induit direct* au moment où l'on coupera le circuit du courant inducteur.

Fig. 155.

3° Supposons que par un moyen quelconque nous puissions augmenter brusquement l'intensité du courant circulant dans B' : il y aura production dans B d'un *courant induit inverse* ; un courant *induit direct* se développera au contraire par la diminution brusque du courant circulant dans B'.

Tous les faits qui précèdent peuvent être résumés dans la loi suivante :

Un courant qui S'APPROCHE, *qui* COMMENCE *ou qui* AUGMENTE D'INTENSITÉ, *développe dans un circuit fermé voisin un courant induit* INVERSE. *Un courant qui* S'ÉLOIGNE, *qui* FINIT *ou qui* DIMINUE D'INTENSITÉ *développe* dans *un circuit fermé voisin* un *courant induit* DIRECT.

II. INDUCTION PAR UN AIMANT. — Les aimants produisent des phénomènes d'induction comme les courants des piles et dans des conditions analogues de déplacement relatif ou de variation d'intensité.

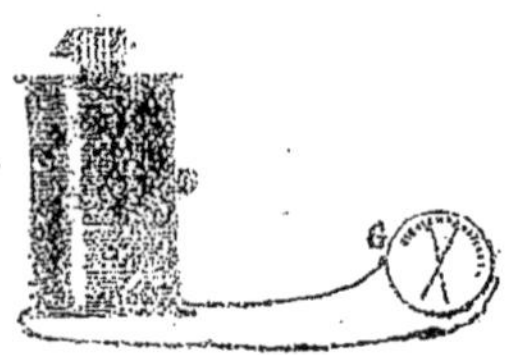

Fig. 156.

La loi suivante, semblable à celle que nous avons énoncée pour l'induction par les courants, résume tous les faits d'induction par un aimant.

Un aimant qui S'APPROCHE, *qui* COMMENCE *ou qui* AUGMENTE D'INTENSITÉ *développe dans un circuit fermé voisin un courant induit* INVERSE (c'est-à-dire de sens contraire à celui de la bobine auquel l'aimant a dû sa naissance) ; *un aimant qui*

S'ÉLOIGNE, *qui* FINIT *ou qui* DIMINUE D'INTENSITÉ *développe dans un circuit fermé voisin un courant induit* DIRECT (c'est-à-dire de même sens que celui qui a engendré l'aimant).

Applications de l'induction. — Les courants d'induction sont susceptibles d'acquérir une force considérable, qu'on atteindrait difficilement avec des piles. Aussi sont-ils très employés dans les applications industrielles de l'électricité.

Bobine de Ruhmkorff. — Elle se compose de deux bobines superposées (comme les bobines B et B' des expériences précédentes). La bobine inductrice est enroulée la première sur un faisceau de fils de fer *(ff')* qui lui sert d'axe : son fil est assez gros et les deux extrémités sortent à l'extérieur en *a* et *a'*.

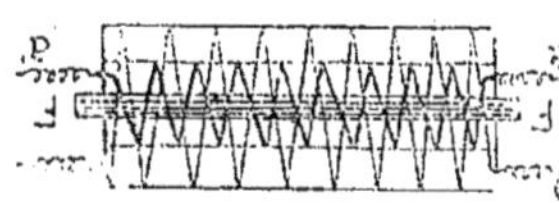

Fig. 157.

On la recouvre d'une couche isolante et on enroule par-dessus un fil long et fin qui constitue la bobine *induite*, dont les extrémités sont en *b* et *b'*. Si l'on ferme le circuit *bb'*, chaque fois qu'on lancera dans le circuit *aa'* un courant, il y aura production dans la bobine induite des courants induits provenant à la fois du courant qui prend naissance dans *aa'* et de l'aimantation du faisceau de fils de fer. Chaque fois qu'on interrompra, le courant dans le circuit *aa'*, on aura, pour les deux raisons inverses, production d'un courant induit direct dans le circuit *bb'*. Il faut donc, pour utiliser la bobine d'une manière commode, avoir une rapide succession d'établissements et d'interruptions du circuit inducteur. On atteint ce résultat par un marteau de fer doux D qui peut être attiré par le noyau F de la bobine. Si le courant passe, le marteau est soulevé, il coupe alors le circuit de la pile et retombe ; le courant se rétablit, le marteau est à nouveau attiré, et ainsi de suite. Il en résultera dans la bobine induite une succession de courants induits qu'on pourra recueillir en reliant les extrémités *b* et *b'* de cette bobine aux appareils d'utilisation.

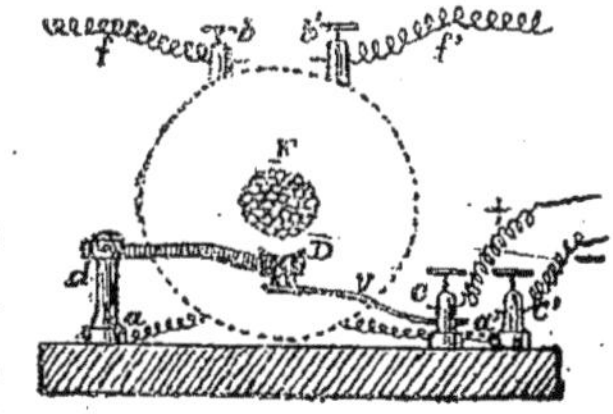

Fig. 158.

Machines magnéto-électriques. — Un puissant aimant en fer à cheval est animé d'un mouvement de rotation, de telle sorte que les deux pôles viennent successivement passer devant les noyaux d'un électro-aimant. Le déplacement de l'aimant produit dans l'électro-aimant des courants d'induction qu'on recueille.

Machines dynamo-électriques — On donne ce nom à des machines d'induction dans lesquelles les *aimants* fixes sont remplacés par des *électro-aimants* fixes ; ces derniers étant susceptibles d'une aimantation plus puissante, les effets d'induction sont beaucoup plus intenses.

Téléphone. — Les courants d'induction ont encore reçu une application intéressante dans la transmission de la parole à distance par le téléphone. Le premier téléphone, imaginé par Bell, était un téléphone sans pile.

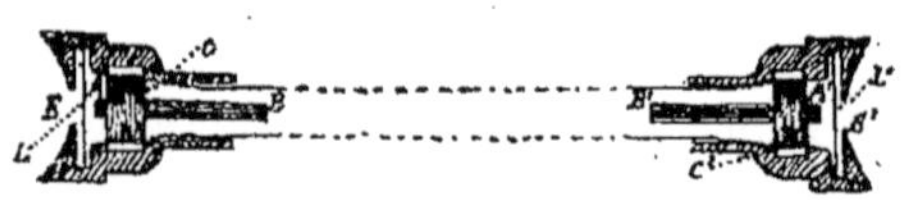

Fig. 159.

Une plaque mince de fer L est placée au fond d'une embouchure. A une petite distance de L est une tige aimantée AB sur laquelle est fixée une petite bobine c; un fil fin de cuivre recouvert de soie est enroulé sur la bobine et ses deux extrémités viennent aboutir à deux bornes.

Supposons deux appareils identiques et relions-les par deux fils conducteurs. Nous désignerons les pièces du deuxième appareil par les mêmes lettres affectées d'accents. Un opérateur parlant devant l'embouchure E fait vibrer la plaque L. Les mouvements de cette plaque produisent des courants induits qui se propagent dans la bobine C et par les deux fils conducteurs dans la bobine C′ de l'autre poste. Ces courants modifient l'aimantation de l'aimant du poste d'arrivée, d'où des mouvements de la plaque L′ de ce poste, et ces mouvements sont identiques à ceux de la bobine L. L'air de l'embouchure E′ entre alors en vibration et communique à l'oreille qui écoute les sons émis près de l'embouchure E.

En intervertissant les rôles, le premier appareil peut à son tour servir de récepteur et le second de transmetteur.

TITRE III

CHIMIE

NOTIONS PRÉLIMINAIRES

Définitions. — Les corps *simples* sont ceux desquels on n'a pu jusqu'ici retirer qu'une seule espèce de matière (fer, phosphore, oxygène).

Les corps *composés* sont ceux dont on peut extraire des corps différents (tel le sulfate de cuivre, dont on extrait du cuivre, de l'oxygène et de l'acide sulfurique).

L'opération qui consiste à extraire d'un corps composé les corps simples qu'il renferme s'appelle *analyse;* elle est *qualitative* quand elle ne détermine que la nature de ces éléments et *quantitative* quand, en outre, elle fait connaître les quantités relatives des éléments composants.

La *synthèse* est l'inverse de l'analyse : elle reconstitue des corps composés au moyen de leurs éléments.

Corps simples. — Les noms des corps simples ont été choisis arbitrairement.

On les divise en deux groupes : les *métalloïdes* et les *métaux*. Les *métaux* sont des corps solides à la température ordinaire (sauf le mercure liquide et l'hydrogène gazeux) doués d'un éclat particulier; ils conduisent bien la chaleur et l'électricité. Les *métalloïdes* n'ont ni l'éclat ni les propriétés conductrices des métaux ; à la température ordinaire, les uns sont solides, les autres liquides, d'autres enfin sont gazeux.

Métalloïdes. — Ils sont au nombre de 14. Les plus importants sont : l'oxygène, le soufre, le chlore, l'iode, le fluor, l'azote, le phosphore, l'arsenic, le carbone, le sicilium.

Métaux. — On en connaît une soixantaine, parmi lesquels nous citerons l'hydrogène, le potassium, le sodium, le calcium, le manganèse, le fer, le zinc, l'étain, le cuivre, le plomb, le mercure, l'argent, le platine et l'or.

Composés oxygénés. — L'oxygène en s'unissant aux autres corps simples peut former soit des *acides*, soit des *oxydes*.

Les *acides* sont des composés susceptibles de rougir la teinture bleue de tournesol (les acides qui ne renferment aucun équivalent d'eau sont appelés *anhydrides*, le mot acide étant réservé pour les composés qui renferment de l'eau); les *bases* ramènent au bleu la teinture du tournesol rougie par un acide; les *oxydes* sont sans effet sur la teinture de tournesol.

Le nom d'un sel se forme du nom de l'acide allié à celui de la base, mais le premier de ces deux mots est modifié par le changement de la terminaison *eux* en *ite*, ou *ique* en *ate*; l'acide azotique et l'oxyde de cuivre forment l'azotate de cuivre.

Composés hydrogénés. — S'ils sont acides, on fait suivre le mot acide du nom du corps allié à l'hydrogène et on ajoute la terminaison hydrique (acide chlorhydrique); s'ils ne sont pas acides, le nom est quelconque : formène, éthylène, etc...

Composés quelconques, *ne renfermant ni oxygène ni hydrogène.* — Ce sont généralement des corps formés d'un métalloïde et d'un métal. On donne au métalloïde la terminaison *ure* et on fait suivre du nom du métal (sulfure de zinc). Quand il s'agit d'un corps composé de deux métalloïdes, un seulement des deux métalloïdes prend la terminaison *ure* (chlorure de soufre).

Lois des combinaisons chimiques. *Loi des poids ou de Lavoisier.* — Le poids d'un corps composé est toujours égal à la somme des poids des composants.

Loi de proportions définies ou de Proust. — Un même composé est toujours formé des mêmes éléments combinés dans les mêmes proportions.

Loi des proportions multiples ou de Dalton. — Quand deux corps forment par leur combinaison plusieurs composés il y a toujours un rapport simple entre les quantités de l'un des corps qui peuvent s'unir à une même quantité de l'autre corps.

Loi des volumes ou de Gay-Lussac.— Il y a toujours un rapport simple entre les volumes des corps composants et du' composé, considérés à l'état gazeux sous une même pression et à une même température.

CHAPITRE PREMIER

OXYGÈNE

Préparation. — Prenons quelques pincées de bioxyde de manganèse, plaçons-les dans une *cornue* de grès, pourvue d'un *tube de dégagement* qui vienne aboutir sous une *éprouvette* pleine d'eau, disposée sur la *cuve à eau.* Si nous chauffons vigoureusement le bioxyde de manganèse, dans un *fourneau à reverbère*, nous verrons bientôt des bulles gazeuses, arriver dans l'éprouvette : ces bulles sont de l'oxygène et, par une chauffe prolongée, le bioxyde de manganèse abandonnera le tiers du poids de ce gaz qu'il renferme.

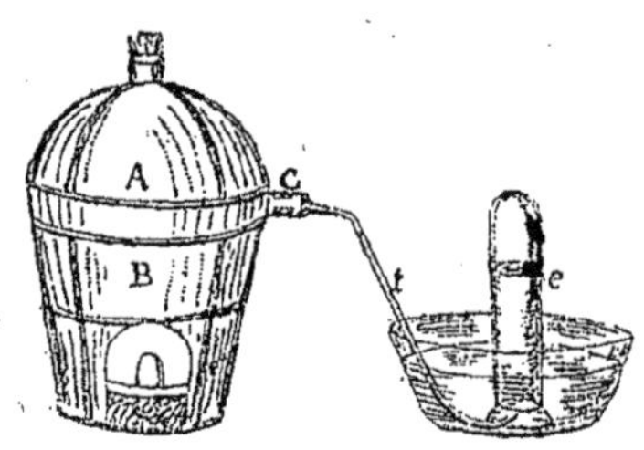

Fig. 160.

On préfère souvent faire usage d'un sel plus facilement décomposable par la chaleur et plus complètement réductible, le chlorate de potasse : chauffé modérément dans une cornue de verre au moyen d'un *fourneau à main*, ce sel dégage la totalité de son oxygène. Si l'on ajoute au chlorate de potasse une petite quantité de bioxyde de manganèse, la *présence* de cet oxyde rend encore plus facile la décomposition du sel, qu'il suffit alors de chauffer légèrement au moyen d'une lampe à alcool.

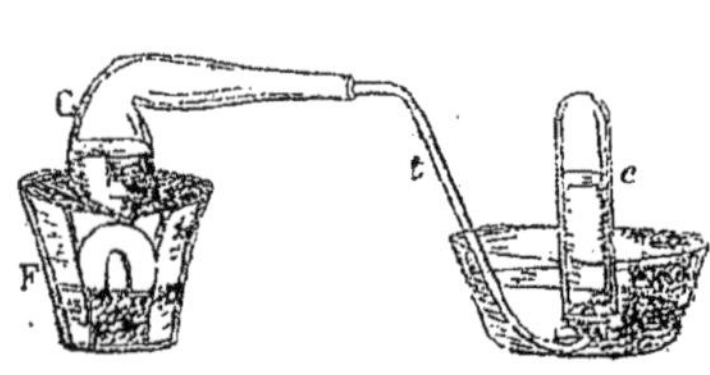

Fig. 161.

Propriétés. — Gaz incolore, inodore, sans saveur. Un peu plus lourd que l'air, il a une densité relative de 1,10. L'air pesant 1 gr. 3 par litre, il en résulte qu'un litre d'oxygène pèse 1 gr. 3 $\times$ 1,10 = 1 gr. 43.

L'oxygène possède à un haut degré la propriété d'activer les combustions ; on exprime ce fait en disant qu'il est *comburant*: un fragment de phosphore ou de soufre allumé que l'on descend dans une éprouvette ou un flacon renfermant de l'oxygène, y brûle avec beaucoup plus d'éclat que dans l'air ; un charbon, un morceau de fer incandescents brûlent rapidement dans l'oxygène en projetant de vives étincelles. Une allumette ne présentant plus qu'un point en ignition se rallume vivement, si on la plonge dans l'oxygène.

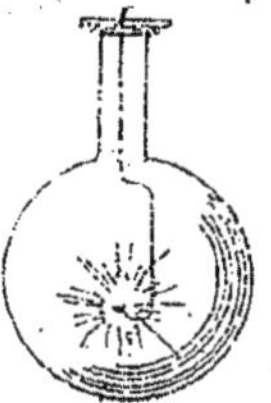

Fig. 162

Fig. 163.

Le produit de ces combustions est un composé du corps brûlé avec l'oxygène. Ainsi le soufre donne de l'acide sulfureux, le phosphore de l'acide phosphorique, le charbon de l'acide carbonique. L'oxygène jouit de plus de la propriété de se combiner avec le phosphore à froid pour former de l'acide phosphoreux.

L'oxygène n'est pas un gaz irrespirable, mais il stimule étrangement la respiration et produit en peu de temps l'usure des organes et la mort. Une souris ou un oiseau plongé dans l'oxygène y donne des signes évidents d'une activité anormale, et si on l'y laisse séjourner trop longtemps ne tarde pas à y périr.

Usages. — L'oxygène est employé, concurremment avec l'hydrogène, pour produire des chaleurs très intenses (chalumeau, que nous étudierons plus loin) ; il sert à réaliser certains phénomènes d'oxydation ; la médecine en fait usage en petites quantités dans le traitement des maladies de poitrine.

AZOTE

Préparation. — L'azote se rencontre en quantités infinies dans l'air où il est mélangé (mais non combiné) avec l'oxygène. Pour obtenir de l'azote, il suffit donc d'isoler dans une cloche disposée sur la cuve à eau une certaine quantité d'air, et d'en absorber l'oxygène en y faisant brûler un fragment de phosphore ; il ne reste que de l'azote quand le phosphore s'éteint.

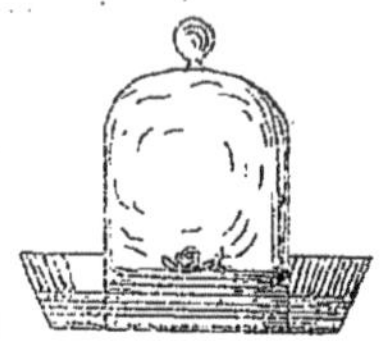

Fig. 164.

On peut encore faire passer de l'air sur de la *tournure* de cuivre chauffée au rouge dans un tube de porcelaine : le cuivre s'empare de l'oxygène et l'azote se rend seul par le tube à dégagement dans l'éprouvette placée sur la cuve à eau.

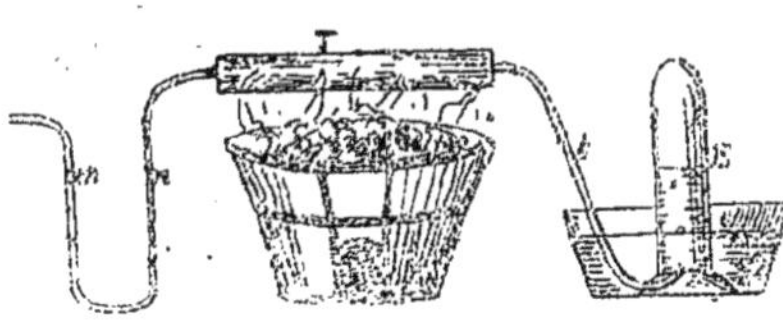

Fig. 165.

Propriétés. — Gaz incolore, inodore, sans saveur ; sa densité est 0,97. Un litre de ce gaz pèse donc 1 gr. 3 $\times$ 0,97 = 1 gr. 26. L'azote est un gaz inerte ; il ne se combine directement avec aucun corps ; incapable d'entretenir soit la combustion, soit la respiration, incombustible lui-même, son rôle dans l'air se borne à tempérer l'action trop intense de l'oxygène.

L'azote est sans usages.

AIR

L'air n'est qu'un mélange de deux gaz, oxygène et azote, dont les molécules se rencontrent juxtaposées, mais non combinées.

C'est un gaz incolore, inodore, sans saveur ; son poids est de 1 gr. 3 par litre (exactement 1,293). L'air est choisi comme terme de comparaison pour déterminer la densité des autres gaz, ainsi qu'il a été dit précédemment. On obtient donc le poids d'un litre de gaz en multipliant la densité de ce gaz par 1 gr. 3, poids du litre d'air.

Expérience de Lavoisier. — Lavoisier chauffa doucement pendant plusieurs jours du mercure en présence d'un volume déterminé d'air et il vit se former à la surface libre du liquide des pellicules rouges, en même temps que le volume de l'air diminuait ; il constata en outre que le gaz restant était devenu incapable d'entretenir la combustion. Les pellicules rouges qui s'étaient formées à la surface du mercure, chauffées vigoureusement, dégagèrent bientôt un gaz dont le volume représentait exactement le volume d'air absorbé par le mercure, mais qui, à l'inverse du résidu, entretenait merveilleusement la combustion. Lavoisier trouva de cette façon que l'air est un mélange de 4/5 environ d'azote et de 1/5 d'oxygène (en volumes).

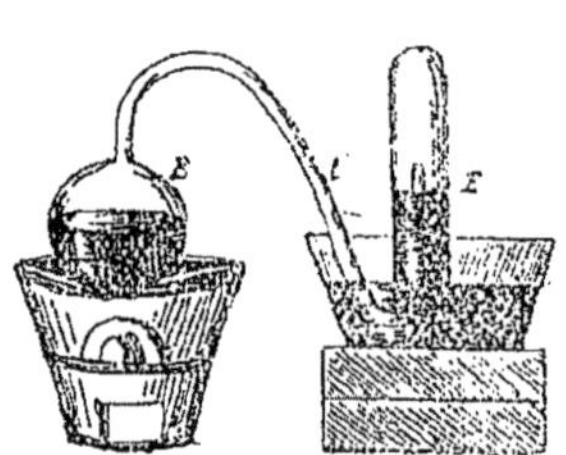

Fig. 166.

Ce procédé d'analyse n'est plus en usage : on préfère déterminer en poids les quantités d'oxygène et d'azote qui se trouvent dans l'air en faisant passer un poids déterminé d'air sur de la tournure de cuivre, la différence entre le poids de l'azote recueilli et le poids de l'air ainsi analysé doit être égale à l'accroissement de poids constaté dans la tournure de cuivre.

On trouve ainsi que l'air renferme, *en poids*, 77 0/0 d'azote et 23 0/0 d'oxygène ; divisés par les densités relatives de l'azote et de l'oxygène, ces nombres représentent respectivement *des volumes* de 79 0/0 d'azote et 21 0/0 d'oxygène. L'air renferme aussi un peu de vapeur d'eau, quelques millièmes d'acide carbonique, des poussières de nature très diverse, etc.

CHAPITRE II

HYDROGÈNE

Préparation. — Dans un flacon à deux tubulures, on introduit des rognures de zinc, de l'eau, et un peu d'acide sulfurique que l'on verse au moyen d'un tube à entonnoir placé dans la tubulure *t*. Un tube à dégagement fixé en *t'*, aboutit à une éprouvette sous la cuve à eau. Le zinc décompose l'eau et l'hydrogène se rend au fur et à mesure de sa production dans le tube à dégagement et dans l'éprouvette. On ne recueille pas le gaz tout de suite, afin de laisser partir l'air qui remplissait l'appareil et dont la présence à côté de l'hydrogène pourrait causer de dangereux accidents au cours des expériences.

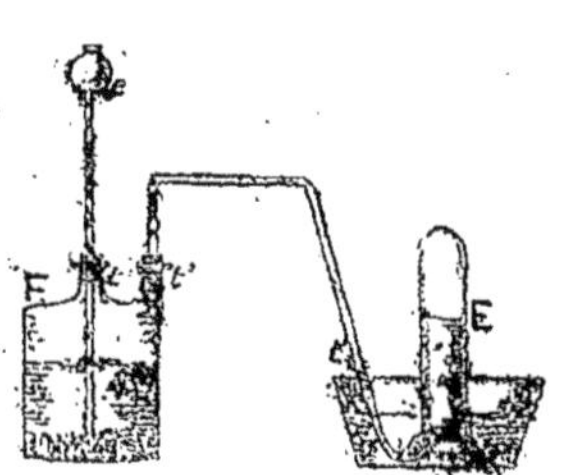

Fig. 167.

Il est encore possible de recueillir de l'hydrogène en décomposant la vapeur d'eau par le fer chauffé au rouge ; il se produit ici ce qui se produisait dans l'analyse de l'air en poids par la tournure de cuivre : sur le fer, chauffé dans un tube de porcelaine, passe de la vapeur d'eau, le fer décompose cette eau, s'empare de l'oxygène et laisse passer l'hydrogène que l'on recueille sous une éprouvette.

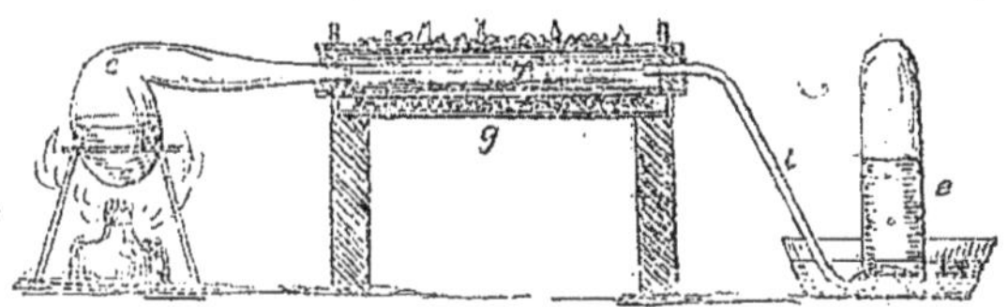

Fig. 168.

Propriétés. — Gaz incolore, inodore, sans saveur. Sa densité est de 0,07, il pèse ainsi 1 gr. 3 $\times$ 0,07 = 0,09 par litre (14 fois moins que l'air) ; aussi s'échappe-t-il immédiatement d'une éprouvette que l'on retourne. C'est un gaz très *endosmotique*, c'est-à-dire doué de la propriété de traverser les enveloppes : de l'hydrogène enfermé dans un récipient en grès ou dans un ballon en caoutchouc, ou en taffetas s'échappe en peu de temps. On a dû renoncer pour ce motif à l'employer au gonflement des aérostats.

L'hydrogène est bon conducteur de la chaleur, propriété qu'il partage avec les métaux et que ne possèdent pas les métalloïdes.

L'hydrogène n'est pas comburant, mais il est combustible : une allumette enflammée que l'on plonge dans l'hydrogène s'y éteint ; mais en même temps le gaz prend feu et brûle avec une flamme peu éclairante, mais très chaude. Le jet d'hydrogène étant ainsi enflammé au sortir de l'appareil producteur, si l'on dispose autour de la flamme un tube de verre de 60 à 80 centimètres, on entend un bruit régulier qui rappelle le son d'un tuyau d'orgue et dont la hauteur varie selon que la flamme se trouve placée plus ou moins haut dans le tube, ce dispositif constitue l'*harmonica chimique*. La flamme de l'hydrogène projetée sur un fragment la craie, de chaux ou de baryte produit une lumière éclatante appelée *lumière de Drummond* ; enfin en plaçant une cloche au-dessus de la flamme d'hydrogène, on voit s'y déposer de la vapeur d'eau qui bientôt se rassemble en gouttelettes.

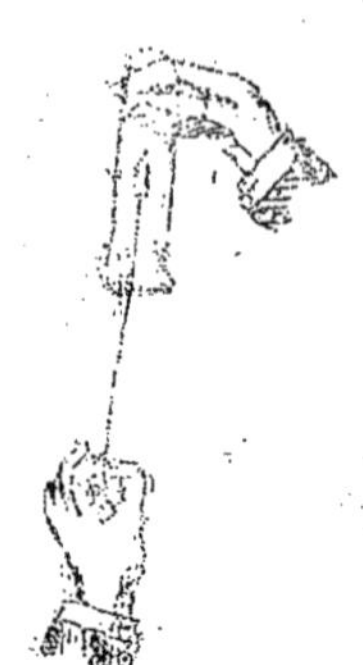

Fig. 169.

L'hydrogène forme avec l'oxygène un mélange détonant. Si l'on allume un mélange contenant 2 volumes d'hydrogène pour 1 volume d'oxygène, une explosion a lieu, et la combinaison s'effectue sous l'influence de l'étincelle électrique. La propriété chimique caractéristique de l'hydrogène est donc de s'unir avec l'oxygène, qu'il enlève même aux corps composés qui en renferment ; en particulier l'hydrogène naissant est doué d'un très grand *pouvoir réducteur*.

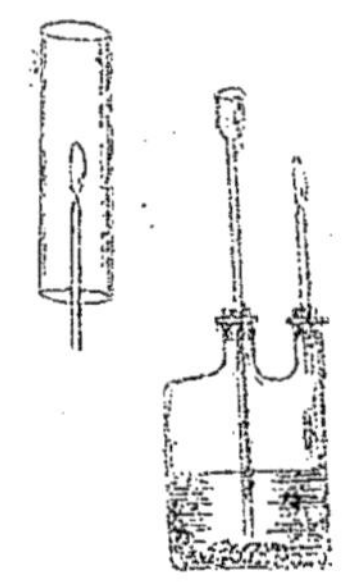

Fig. 170.

L'hydrogène est impropre à la respiration : un animal plongé dans l'hydrogène y périt asphyxié de la même façon que dans l'azote ; il meurt par privation d'oxygène.

Usages. — L'hydrogène est employé pour la production de haute températures dans le *chalumeau*. Cet appareil est formé de deux tubes concentriques amenant l'un l'oxygène, l'autre l'hydrogène. On allume le jet et on règle l'arrivée des deux gaz de façon à produire la plus haute température possible ; on arrive ainsi à une chaleur de près de 3.000 degrès, susceptible de fondre l'or et le platine.

EAU

L'eau est un corps que l'on trouve dans la nature, généralement à l'état de liquide : lorsqu'elle est chimiquement pure, elle n'a ni odeur, ni saveur. Solide au-dessous de 0°, elle est liquide entre zéro et 100° et vapeur au-dessus de 100° sous la pression normale. Sa densité est considérée comme unité.

Composition. — L'eau est composée d'oxygène et d'hydrogène combinés en volumes dans le rapport de 1 à 2 volumes, en poids dans le rapport de 8 à 1. L'analyse par le voltamètre démontre cette composition. La synthèse de l'eau la démontre aussi : elle se réalise au moyen de l'*eudiomètre*, éprouvette graduée en cristal épais et pourvue de boutons de métal disposés de façon à faire jaillir une étincelle à l'intérieur de l'appareil. Si l'on introduit dans l'eudiomètre 100 centimètres cubes par exemple d'oxygène et 100 centimètres cubes d'hydrogène et que l'on fasse passer une étincelle, on constate que le volume gazeux est réduit à 50 centimètres cubes d'oxygène et que des gouttelettes d'eau mouillent la surface intérieure.

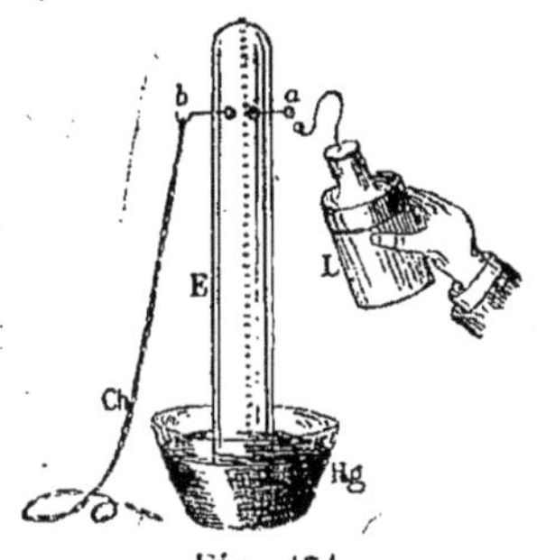

Fig. 171.

Pour déterminer la composition de l'eau en poids, on fait la synthèse de la manière suivant. On fait passer un courant d'hydrogène sur de l'oxyde de cuivre, l'hydrogène s'empare de l'oxygène de l'oxyde, et le cuivre est ramené à l'état métallique. On recueille l'eau formée et on la pèse; la perte de poids de l'oxyde de cuivre fait connaître le poids d'oxygène disparu; par différence, du poids de l'eau on déduit le poids d'hydrogène. On constate ainsi que l'eau est formée par l'union de 8 grammes d'oxygène et d'un gramme d'hydrogène.

Eaux ordinaires. — L'eau ordinaire n'est jamais pure : on y trouve des matières solides ou des gaz en dissolution, notamment de l'oxygène et de l'azote empruntés à l'air, des sels de chaux, de potasse ou de soude provenant des terrains que cette eau a rencontrés sur son parcours. Le sulfate de chaux en particulier rend les eaux impropres à l'alimentation, à la cuisson des légumes et aux savonnages (eaux séléniteuses).

Eaux potables. — Les eaux potables sont celles qui sont propres aux besoins de l'alimentation et aux usages domestiques. Ce ne sont pas des eaux chimiquement pures, elles seraient lourdes et indigestes, mais ce sont des eaux qui ne renferment que des substances non contraires à l'économie animale.

Eau distillée. — La chimie, la pharmacie, etc., font un fréquent usage d'eau distillée, c'est-à-dire *pure*. Nous avons décrit (p. 37) l'appareil employé à la distillation de l'eau.

CHAPITRE III

COMPOSÉS OXYGÉNÉS DE L'AZOTE

L'azote forme avec l'oxygène 5 composés assez instables; les deux premiers sont neutres (protoxyde et bioxyde d'azote), les trois autres sont acides (acide azoteux, acide hypoazotique, acide azotique).

Protoxyde d'azote. — Pour le préparer, on met dans une cornue un peu d'azotate d'ammoniaque et on chauffe : le sel fond et se décompose en protoxyde d'azote qui se dégage et en eau qui reste dans la cornue.

Le protoxyde d'azote est un gaz incolore, sans odeur, mais d'une saveur sucrée. Sa densité est 1,5, un litre de ce gaz pèse 1 gr. 95.

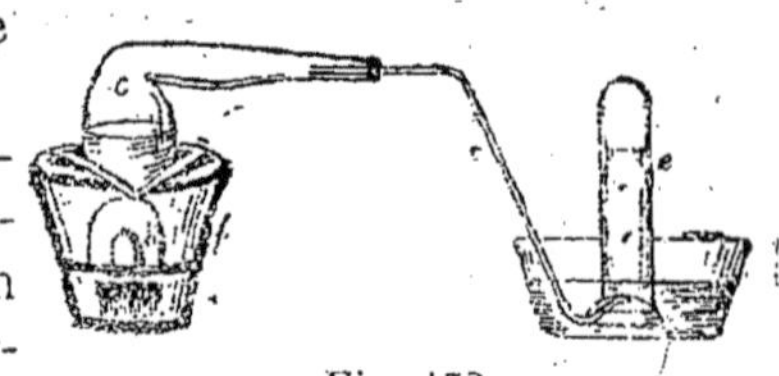

Fig. 172.

Comme l'oxygène, mais à un moindre degré, le protoxyde d'azote est comburant : une allumette présentant un point en ignition s'y rallume, du charbon, du soufre, du phosphore peuvent y brûler avec un vif éclat ; des volumes égaux de protoxyde d'azote et d'hydrogène forment un mélange détonant. Malgré ces ressemblances, on le distingue de l'oxygène en ce que l'eau dissout son volume de protoxyde d'azote, alors que l'oxygène est très peu soluble, ou encore en remarquant que ce gaz n'est pas absorbé par le phosphore, comme cela a lieu pour l'oxgène.

Le protoxyde d'azote provoque, quand on le respire, une insensibilité momentanée : c'est un *anesthésique*. Mais il ne doit être employé comme tel que s'il est pur ; or, il est souvent mélangé avec du bioxyde d'azote et de l'acide hypoazotique qu'il serait dangereux de respirer.

Bioxyde d'azote. — Il se prépare en faisant réagir sur du cuivre de l'acide azotique étendu d'eau.

C'est un gaz incolore ; sa densité est à peine supérieure à celle de l'air. Au contact de l'air, le bioxyde d'azote se transforme en vapeurs opaques dites *vapeurs rutilantes*, on ne peut donc connaître son odeur, ni sa saveur. Il est comburant, mais à un moindre degré que le protoxyde d'azote ; un charbon insuffisamment allumé s'éteint dans le bioxyde d'azote ; par contre, le phosphore y brûle avec un vif éclat. A défaut de cette propriété, le bioxyde d'azote se distingue des autres gaz par sa transformation en vapeurs rutilantes.

Acide azoteux. — C'est un liquide dont l'étude n'offre aucun intérêt sérieux.

Acide hypoazotique ou peroxyde d'azote. — Cet oxyde constitue les vapeurs rutilantes dont nous avons parlé au sujet du bioxyde d'azote. A haute température, c'est le plus stable des composés de la série.

ACIDE AZOTIQUE

Préparation. — On chauffe dans une cornue de l'azotate de potasse ou de l'azotate de soude, avec de l'acide sulfurique ; de l'acide azotique distille et va se condenser dans un ballon qu'un jet d'eau refroidit.

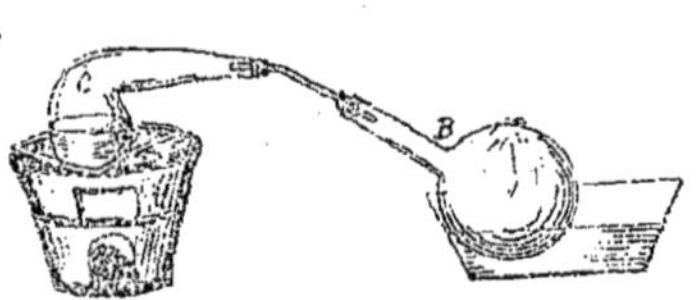

Fig. 173.

Propriétés. — Liquide incolore quand il est pur, mais souvent coloré en jaune par l'acide hypoazotique, sa densité est 1,5.

L'acide azotique est peu stable ; les azotates également : projetés sur des charbons allumés, ils fusent et abandonnent de l'oxygène qui accélère la combustion. L'acide azotique concentré attaque les métalloïdes (charbon, phosphore, soufre) ; ces corps s'oxydent aux dépens de l'acide azotique partiellement décomposé et il se dégage des vapeurs rutilantes, d'acide hypoazotique.

L'acide azotique étendu, au contraire, a plus d'action sur les métaux qu'il attaque pour former des azotates (or et platine exceptés). Le fer, plongé dans l'acide étendu, après une immersion dans l'acide concentré n'est plus attaqué. On dit qu'il est *passif*. Pour le rendre attaquable, il suffit de le toucher avec du fer non passif ou un autre métal (tige de cuivre, par exemple).

L'acide azotique est un puissant caustique : il attaque et colore en jaune les matières organiques (soie, laine, etc.). Il donne naissance à toute une famille de dangereux explosifs : *fulmi-coton* (coton immergé dans l'acide azotique), *nitro-benzine*, *nitro-glycérine*, etc.

Usages. — Cet acide est d'un fréquent emploi en chimie, par exemple dans la fabrication de l'acide sulfurique ; il sert dans la gravure sur cuivre, dite gravure à l'eau forte.

COMPOSÉ HYDROGÉNÉ DE L'AZOTE : AMMONIAC

Préparation. — On chauffe dans un ballon de verre des quantités à peu près égales de chlorhydrate d'ammoniaque et de chaux. Le gaz qui se dégage se dessèche en traversant un tube rempli de potasse et se rend dans une éprouvette sur la cuve à mercure.

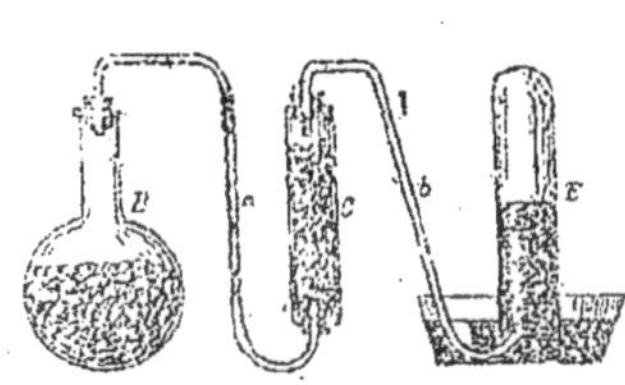

Fig. 174.

Propriétés. — Le gaz ammoniac est incolore ; sa densité est 0,6 (poids d'un litre 1 gr. 3 $\times$ 0,6 = 0 gr. 78). Il est *très soluble* dans l'eau.

Ce gaz peut être facilement liquéfié. Le chlorure d'argent jouit de la propriété d'en absorber 300 fois son volume. On introduit en A dans un tube recourbé du chlorure d'argent ammoniacal et on chauffe l'extrémité A au bain-marie ; l'extrémité B est refroidie avec de la glace. Sous l'action de la chaleur le gaz se dégage et, par l'influence de sa propre pression, il se liquéfie en B.

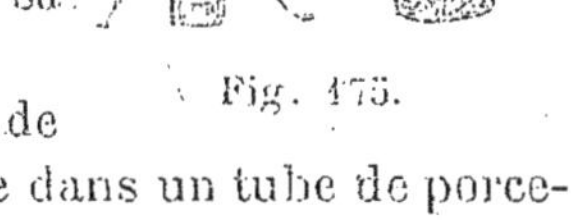

Fig. 175.

L'ammoniac brûle dans l'oxygène en donnant de l'azote et de l'eau ; un courant de ce gaz qui passe dans un tube de porcelaine chauffé au rouge se décompose en ses éléments, azote et hydrogène.

L'ammoniac a une odeur vive qui provoque les larmes. Pour s'en rendre compte, il faut approcher avec beaucoup de précaution de ses narines le flacon qui renferme de la dissolution de gaz ammoniac dans de l'eau ; une aspiration trop vigoureuse pourrait avoir de très graves conséquences.

Ammoniaque (ou dissolution du gaz ammoniac dans l'eau). — L'eau dissout environ 800 fois son volume d'ammoniac : on démontre cette grande solubilité en ouvrant sur l'eau un flacon de gaz ammoniac. Si l'expérience se fait au moyen d'un tube plongeant dans le flacon qui renferme ce gaz, l'eau fait irruption dans l'appareil sous forme de gerbe. La dissolution de gaz ammoniac est l'ammoniaque appelée aussi *alcali volatil*. Cette dissolution est incolore ; elle laisse dégager dans l'air son ammoniac et par suite répand une odeur qui la fait reconnaître aisément.

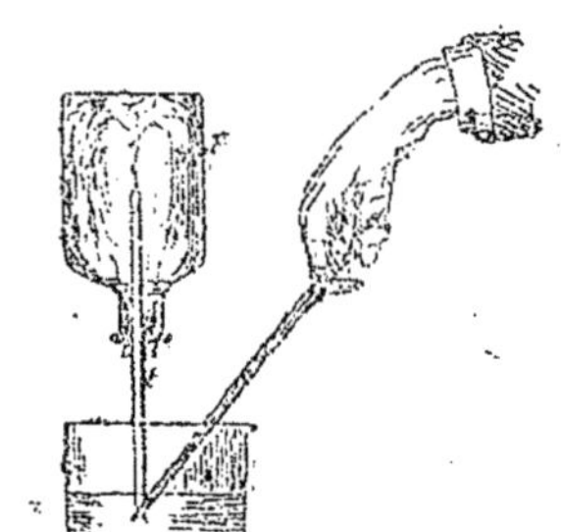

Fig. 176.

Usages. — L'ammoniaque est employée en teinturerie, pour le nettoyage des vêtements ; très étendue d'eau, elle sert à calmer les brûlures, cautériser les plaies malsaines, les piqûres de vipères, de guêpes, etc. Quelques gouttes d'ammoniaque dans un verre d'eau dissipent l'ivresse.

CHAPITRE IV

CHLORE

Préparation. — Chauffons dans un ballon de verre du bioxyde de manganèse et de l'acide chlorhydrique ; l'acide se décompose : son hydrogène s'unit à l'oxygène du bioxyde de manganèse et le chlore est libéré ; une partie se dégage, le reste se fixe sur le manganèse. Le chlore étant soluble dans l'eau et attaquant en outre le mercure, on ne peut le recueillir sur la cuve à eau ou la cuve à mercure. On le reçoit donc simplement dans un flacon où, plus lourd que l'air, il se dépose à mesure de son dégagement. On peut encore le recueillir sur une cuve renfermant de l'eau salée, si on ne tient pas à l'avoir sec.

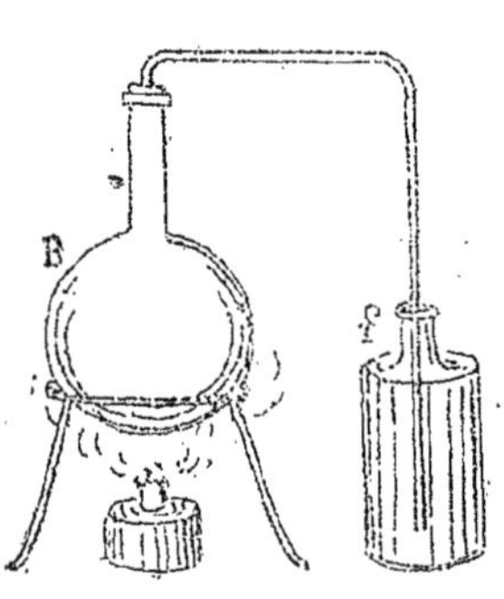

Fig. 177.

Propriétés. — C'est un gaz de couleur jaune verdâtre, d'une odeur forte et qui provoque la toux. Sa densité est 2,4 (poids d'un litre 1 gr. 3 × 2,4 = 3 gr. 12). Il est soluble dans l'eau.

Le chlore n'est pas combustible, mais il est comburant : le soufre s'unit au chlore avec production de chaleur ; le phosphore avec production de chaleur et de lumière ; le cuivre chauffé au rouge brûle rapidement dans le chlore ; certains métaux s'y enflamment spontanément. D'autres, comme le mercure, sont attaqués par le chlore.

Affinité du chlore pour l'hydrogène. — Le chlore, mis en présence de son volume d'hydrogène, se combine lentement à la lumière diffuse ; à la lumière solaire la combinaison est instantanée et accompagnée d'une explosion qui brise le flacon. En raison de cette affinité, le chlore décompose l'eau au rouge, ou à froid sous l'action de la lumière, en donnant de l'acide chlorhydrique et un dégagement d'oxygène.

Pour la même cause, il décompose les matières organiques, les substances colorantes, toutes riches en hydrogène, l'ammoniaque, l'acide sulfhydrique, etc. Respiré en abondance, il provoque des crachements de sang.

Usages. — Le chlore est employé pour le blanchiment des tissus de lin, de chanvre, de coton, de la pâte à papier, etc. ; il sert à assainir les appartements en détruisant les miasmes, etc. On en fait une utilisation *directe* quand les matières sont soumises à l'action simultanée du chlore pur et de l'eau (dissolution de chlore), *indirecte* quand on les soumet à l'action de produits préparés au moyen du chlore (chlorures décolorants : eau de Javel, chlorure de chaux, eau de Labarraque).

ACIDE CHLORHYDRIQUE

Préparation. — Introduisons dans un ballon de verre une certaine quantité de chlorure de sodium (*sel marin*), versons-y peu à peu de l'acide sulfurique et chauffons légèrement : il se dégage de l'acide chlorhydrique que l'on peut recueillir soit sur la cuve à mercure, soit en dissolution dans des flacons formant un appareil de Woolf.

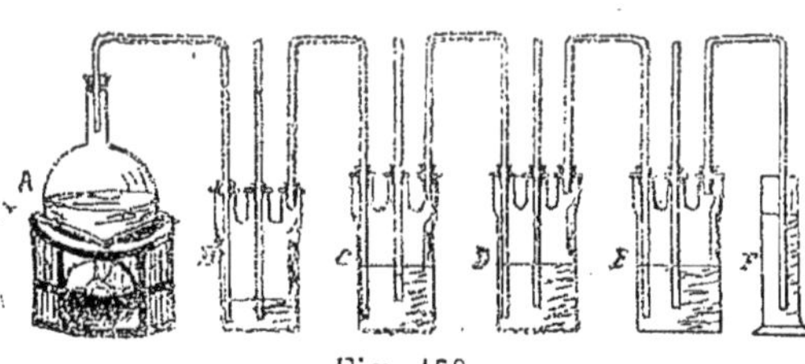

Fig. 178.

Dans l'industrie, la fabrication de la soude donne à bon marché de l'acide chlorhydrique.

Propriétés. — Gaz incolore, d'une odeur vive, sa densité est 1,25. Il répand à l'air des fumées blanches ; il est très soluble dans l'eau.

Sa dissolution attaque un grand nombre de métaux (fer, zinc, cuivre, etc.) ; elle rougit très fortement la teinture de tournesol.

Usages. — Cet acide est surtout employé pour la production du chlore et des chlorures décolorants et pour le *décapage* des métaux.

Eau régale. — La dissolution d'acide chlorhydrique, même concentrée, n'attaque ni l'or ni le platine. Il en est de même de l'acide azotique. Mais une combinaison d'acide chlorhydrique et d'acide azotique chauds, dite eau régale, dissout le platine et l'or.

IODE

L'iode, découvert par Courtois en 1811, existe dans les eaux mères des cendres de varech, d'où on l'extrait en y faisant passer un courant de chlore.

C'est un corps solide gris, doué d'un éclat métallique, peu soluble dans l'eau, mais très soluble dans l'alcool. La dissolution d'iode dans l'alcool est connue sous le nom de *teinture d'iode*.

Au point de vue chimique, l'iode présente des propriétés analogues à celles du chlore; mais son affinité pour l'hydrogène est moindre.

En dehors de la teinture d'iode, des combinaisons d'iode sont encore utilisées en médecine, l'iodure de potassium, etc. L'iodure d'argent, décomposable par la lumière comme le chlorure d'argent, est employé en photographie.

BROME

Ce corps, qui coexiste avec l'iode dans les eaux mères des cendres de varech, est obtenu de la même façon. Après précipitation de l'iode, la continuation de l'action du chlore dépose le brôme.

C'est un liquide rouge brun, ayant au point de vue chimique les mêmes caractères que le chlore. Par son affinité pour l'hydrogène, il tient le milieu entre le chlore et l'iode.

Le bromure de potassium est employé en médecine; la photographie utilise le bromure d'argent, également décomposable par la lumière.

FLUOR

Il existe un minéral du nom de *spath fluor* qui, traité par l'acide sulfurique, donne un acide appelé acide fluorhydrique et composé d'hydrogène et de fluor.

L'acide fluorhydrique est un liquide excessivement dangereux : une goutte de cet acide projetée sur la peau cause les plus graves désordres. il dissout le verre ; aussi l'emploie-t-on pour graver les instruments en verre; le procédé est analogue à celui de la gravure par l'eau-forte. L'acide liquide attaque le verre sans lui faire perdre de sa transparence ; les vapeurs acides le rendent opaque aux points attaqués.

CHAPITRE V

SOUFRE

Extraction. — Le soufre s'extrait du sol, dans certains pays volcaniques, où on le trouve mélangé à des matières terreuses. On peut l'obtenir assez pur en faisant fondre, sur une aire légèrement inclinée, cette terre mêlée de soufre. On en forme des meules auxquelles on met le feu par la partie centrale ; la chaleur dégagée par la combustion fait fondre le soufre qui coule à la partie inférieure et s'accumule dans des rigoles. Ce procédé fait perdre une partie du soufre, employée à fondre le reste.

On peut aussi distiller le mélange de soufre et de *gangue* (p. 104) dans des grandes cornues de fonte disposées devant des fourneaux et reliées à d'autres cornues placées hors des fours où les vapeurs de soufre vont se condenser.

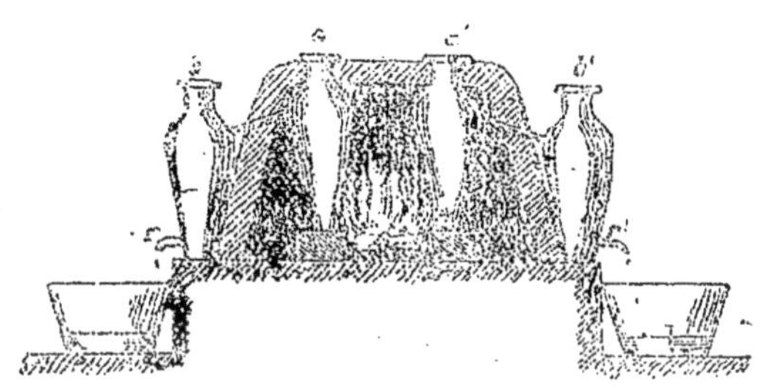

Fig. 179.

Enfin, on peut encore obtenir du soufre en traitant les pyrites ou sulfures de fer par la chaleur. Cette réaction est absolument semblable à celle qui fournit de l'oxygène au moyen du bioxyde de manganèse. Le soufre mis en liberté se volatilise. On le recueille ; il reste dans la cornue un autre sulfure de fer.

Raffinage. — Le soufre obtenu par le procédé des meules est impur. Aussi doit-on le raffiner. Pour cela, on entasse le soufre brut dans de vastes cornues, où il ne tarde pas à fondre et à émettre des vapeurs qui se rendent dans une chambre froide. Là, elles se déposent d'abord contre les parois sous forme de poussière très fine appelée *fleur de soufre* ; puis, la température des murs s'élevant, le soufre fond et coule le long des parois pour tomber sur le sol incliné de la chambre ; on le recueille et le coule dans des moules de bois, où il forme des *canons* de soufre.

Propriétés. — Corps solide à la température ordinaire, d'un jaune citron, il n'a ni odeur ni saveur ; il conduit mal la chaleur et l'électricité ; un bâton de soufre tenu dans la main se dilate inégalement en faisant entendre des craquements (*cri du soufre*) et finit par se briser. Sa densité est 2.

Le soufre s'enflamme à l'air vers 250° et produit de l'acide sulfureux. Fondu il se combine avec un grand nombre de métaux, combinaison souvent accompagnée d'un dégagement de chaleur.

Divers états du soufre ; points remarquables. — Le soufre fond à la température de 120° et constitue un liquide jaune clair, transparent ; si on continue à le chauffer, ce liquide épaissit et brunit ; à 200° il est visqueux et a perdu toute fluidité. Si on le chauffe davantage, il garde sa couleur foncée, mais reprend sa fluidité ; il bout vers 440°.

Si on projette dans l'eau froide du soufre fortement chauffé, on obtient une masse élastique appelé *soufre mou*. Petit à petit ce soufre perd son élasticité et redevient du soufre ordinaire.

Le soufre fondu et refroidi lentement prend des formes géométriques : on dit qu'il se *cristallise* en longue aiguilles transparentes et prismatiques. Dissous dans le sulfure de carbone et évaporé lentement, il donne des cristaux octaédriques.

Le soufre, comme l'oxygène, joue vis-à-vis des autres corps le rôle d'un corps comburant ; le fer, le cuivre, etc., peuvent y brûler.

Usages. — Le soufre est employé pour la fabrication d'un certain nombre de produits sulfurés (sulfure de carbone, acides sulfureux et sulfurique, etc.), la confection des allumettes, de la poudre, du caoutchouc vulcanisé, de l'ébonite ; il sert à éteindre les feux de cheminées, détruire l'oïdium (maladie de la vigne) et divers parasites, etc.

ACIDE SULFUREUX

Préparation. — L'acide sulfureux s'obtient en faisant brûler du soufre dans l'air ou dans l'oxygène. Mais on préfère généralement désoxyder partiellement l'acide sulfurique au moyen d'un métal, le cuivre, par exemple, on recueille l'acide sulfureux sur le mercure. On obtient de meilleurs résultats en substituant au cuivre le mercure ou l'argent ; mais le procédé est plus coûteux.

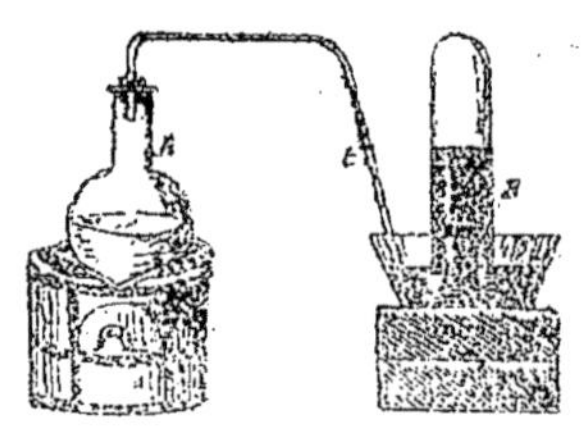

Fig. 180.

Propriétés. — Gaz incolore, d'une odeur vive et qui provoque la toux. Sa densité est 2,2.11 est très soluble dans l'eau. Liquéfié, il constitue un liquide incolore (en le faisant arriver dans un petit ballon entouré d'un mélange réfrigérant de glace et de sel).

L'acide sulfureux, qui est indécomposable par la chaleur, éteint les corps en combustion : cette propriété est employée pour l'extinction des feux de cheminées. Sur de la mousse de platine il se combine avec l'oxygène et donne de l'acide sulfurique anhydre. L'hydrogène naissant réduit l'acide sulfureux, et donne de l'eau et du soufre.

Il décolore un grand nombre de matières d'origine organique : une rose perd toute coloration dans l'acide sulfureux.

Usages. — Il sert, à l'état de gaz ou de dissolution, au blanchiment de la laine, de la soie, etc.

ACIDE SULFURIQUE

L'acide sulfurique n'est guère usité qu'à l'état d'acide hydraté. Il existe cependant un acide sulfurique anhydre, corps solide, blanc, qui résulte de l'union de l'acide sulfureux et de l'oxygène sur la mousse de platine.

On distingue parmi les acides hydratés :

L'acide monohydraté, et l'acide Nordhausen, qui peut être regardé comme une combinaison d'acide sulfurique anhydre et d'acide monohydraté.

Acide sulfurique hydraté. — Préparation. — On l'obtient en oxydant l'acide sulfureux au moyen de l'oxygène emprunté à l'acide azotique.

Dans les laboratoires, cette préparation s'effectue au moyen d'un grand ballon dans lequel on fait arriver, en présence d'un peu d'eau, de l'air, de l'acide sulfureux et du bioxyde d'azote.

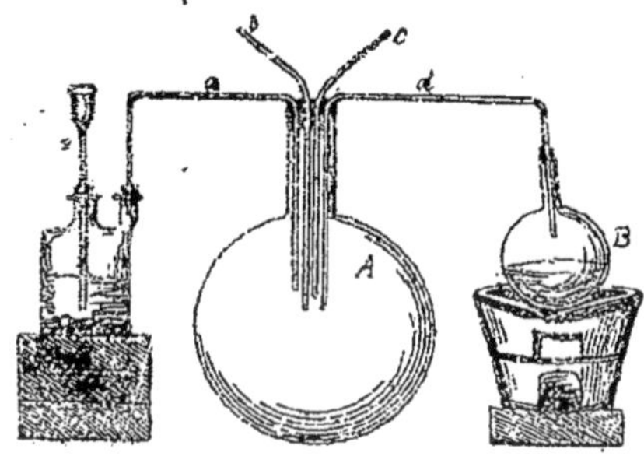

Fig. 181.

Dans l'industrie, on substitue au ballon un système de *chambres de plomb* où les réactions sont stimulées de façon à permettre d'obtenir de grandes quantités d'acide sulfurique.

L'acide ainsi obtenu n'est pas livré au commerce sans avoir été débarrassé de ses impuretés et concentré jusqu'à ce qu'il marque 66° à l'aréomètre de Baumé. Il contient alors plus de 80 0/0 de son poids d'acide et moins de 2 0/0 d'eau.

Propriétés. — C'est un liquide incolore, d'un aspect oléagineux, d'où son nom d'*huile de vitriol* (ou de *vitriol*). Sa densité est 1,84.

Même très étendu, cet acide rougit fortement le tournesol. Il se combine avec l'eau et les bases en dégageant beaucoup de chaleur, aussi faut-il effectuer ces combinaisons avec de grandes précautions et verser l'acide sulfurique dans l'eau, mais *jamais* l'eau dans l'acide ; en outre, on remue la liqueur à mesure avec une baguette de verre. Le charbon et un certain nombre de métaux réduisent l'acide sulfurique à l'état d'acide sulfureux. L'acide sulfurique décompose la plupart des sels en mettant l'acide en liberté.

Il attaque rapidement les matières organiques (peau, bois, plantes).

Usages. — Il n'est pas de produit chimique plus employé que l'acide sulfurique : il sert au décapage des métaux, on le trouve comme liquide actif dans la plupart des piles ; il est employé dans les laboratoires ou dans l'industrie pour déplacer de leurs combinaisons les autres acides (préparation des acides azotique, chlorhydrique, carbonique, etc.) ; il entre avec le sel marin dans la fabrication des soudes artificielles ; il est utilisé pour la confection des bougies stéariques, etc.

Acide de Nordhausen. — En chauffant vigoureusement du sulfate de fer, on obtient d'une part un résidu très dur, le *colcothar*, employé au polissage des glaces, de l'autre un acide sulfurique exempt de produits nitreux, et par suite particulièrement précieux pour les travaux de la teinturerie.

Cet acide est un liquide brun, visqueux, qui répand à l'air des fumées épaisses, d'où son nom d'*acide fumant*.

Il sert notamment à dissoudre l'indigo.

ACIDE SULFHYDRIQUE

Préparation. — Mettons dans un flacon à hydrogène du sulfure de fer et de l'eau. Puis, par le tube à entonnoir, versons de l'acide sulfurique : de l'acide sulfhydrique se dégage. Le même résultat peut être obtenu au moyen de l'acide chlorhydrique. L'acide sulfhydrique peut être recueilli sur l'eau ou sur le mercure. Toutefois, l'eau en dissout au passage une certaine quantité.

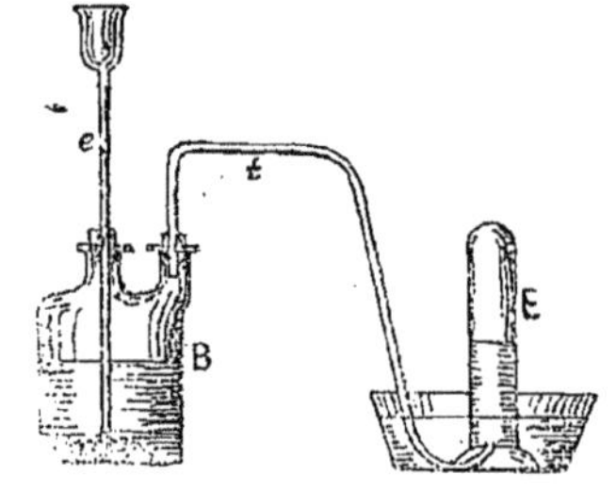

Fig. 182.

Propriétés. — C'est un gaz incolore, d'une odeur nauséabonde qui rappelle celle des œufs pourris. Sa densité est 1,2. Un litre de ce gaz pèse donc 1 gr. 3 $\times$ 1,2 = 1 gr. 56. C'est un acide faible, qui rougit faiblement le tournesol ; il est combustible, mais non comburant. Au contact des corps poreux (mousse de platine) et de l'air, il se transforme en acide sulfurique hydraté. Le chlore détruit l'acide sulfhydrique : c'est pourquoi on l'emploie pour désinfecter les cabinets d'aisances et les fosses. L'acide sulfhydrique attaque la plupart des métaux et les transforme en sulfures.

Cet acide est éminemment toxique : 1/1000 dans l'air suffit pour tuer un oiseau, 1/250 tue un cheval.

L'acide sulfhydrique existe dans la nature. Certaines eaux minérales le renferment en liberté, d'autres en combinaison. C'est à lui que les eaux sulfureuses doivent leurs propriétés curatives. Il est très employé dans les laboratoires pour les analyses.

CHAPITRE VI

PHOSPHORE ET COMPOSÉS

Phosphore ordinaire. — Le phosphore s'extrait par une série d'opérations compliquées des os des mammifères, dans lesquels il existe à l'état de phosphate de chaux. C'est un corps solide, incolore ou légèrement ambré, translucide et que l'ongle raye facilement. Il est lumineux dans l'air (phosphorescence) et soluble dans le sulfure de carbone. Le phosphore brûle lentement dans l'air et donne de l'acide phosphoreux ; chauffé aux environs de 60°, il brûle rapidement et se transforme en acide phosphorique. Le phosphore est un réducteur énergique : aussi il détruit l'acide azotique pour lui prendre son oxygène ; de même il décompose l'eau à haute température.

Le phosphore est un poison violent en raison de sa grande affinité pour l'oxygène; son contre-poison est l'essence de térébenthine. La vapeur du phosphore détermine la carie des dents, des os et particulièrement de ceux de la face (nécrose).

Phosphore rouge. — En chauffant à l'abri de l'air, pendant dix à douze jours, aux environs de 240° du phosphore ordinaire (ou phosphore blanc), on obtient un phosphore nouveau, le phosphore rouge, qui présente de curieux contrastes avec le phosphore ordinaire ; il est insoluble dans le sulfure de carbone, ne s'enflamme qu'à 260°, n'est ni phosphorescent, ni lumineux, ni vénéneux.

Usages du phosphore. — Le phosphore sert principalement à la fabrication des allumettes; les bûchettes de bois, après avoir été soufrées à une de leurs extrémités, sont trempées dans une pâte de phosphore ordinaire mélangée de colle forte, d'une substance colorante et de sable fin destiné à faciliter l'allumage par simple friction sur un corps rugueux quelconque.

On fabrique aussi des allumettes dites au phosphore amorphe ; ces allumettes ne contiennent pas de phosphore : la composition phosphorée (phosphore rouge) est déposée sur l'une des parois de la boîte et les allumettes, préalablement imprégnées de paraffine, sont garnies à leur extrémité d'azotate de potasse ou de toute autre substance facilement inflammable.

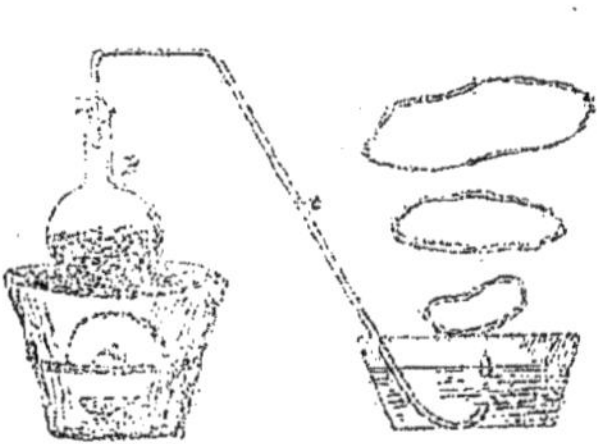

Fig. 183.

Acide phosphorique. — Le phosphore forme avec l'oxygène trois acides; le plus important est l'acide phosphorique qu'on connaît à l'état d'acide anhydre et d'acide hydraté.

L'acide anhydre s'obtient en brûlant du phosphore dans de l'oxygène ou de l'air sec. Très avide d'eau, il sert à dessécher certains gaz. — L'acide hydraté s'obtient en traitant le phosphore par de l'acide azotique *étendu.*

Hydrogène phosphoré. — Il s'obtient en chauffant dans un ballon des boulettes de chaux et de phosphore. Ce corps est gazeux et s'enflamme spontanément au contact de l'air (fig. 184). C'est lui qui donne naissance au phénomène des feux-follets.

CHAPITRE VII

CARBONE

Le carbone est aussi répandu dans la nature que l'air et l'eau; il se trouve, associé à plus ou moins de matières étrangères, dans tous les charbons. C'est un corps infusible, insoluble, non volatil : en brûlant, il donne toujours un seul produit, de l'acide carbonique. Il réduit les oxydes métalliques.

Charbons naturels. — **Diamant.** — Le diamant est du carbone cristallisé : généralement incolore et transparent, il est parfois coloré et même noir. C'est le plus dur de tous les corps; sa poussière ou *égrisée* sert à polir le diamant. On a pu brûler du diamant dans l'oxygène et on a obtenu de l'acide carbonique.

Le diamant sert en bijouterie, en raison de son grand pouvoir réfringent, dans l'industrie du verrier et dans le percement des roches très dures (percement des trous de mine).

Graphite. — C'est un charbon très pur, improprement appelé *plombagine* ou *mine de plomb,* car il ne renferme pas une parcelle de plomb; il laisse au toucher, avec la sensation d'une matière onctueuse, une trace noire; aussi l'emploie-t-on pour constituer la mine des crayons. Corps infusible, il sert à confectionner, mélangé à des argiles, des creusets capables de résister aux plus hautes températures.

Anthracite, houille, lignites et tourbe. — Ce sont des combustibles minéraux d'une plus ou moins grande pureté.

L'anthracite brûle difficilement et en donnant peu de cendres; sa combustion dégage beaucoup de chaleur.

La houille ou charbon de terre est connue de tous : c'est un combustible d'un noir brillant qui provient de la calcination lente de végétaux, à l'intérieur de la terre. Elle brûle assez facilement, en donnant beaucoup de cendres. On distingue les houilles *grasses*, riches en hydrogène, qui donnent de longues flammes et sont employées pour les travaux de la métallurgie, et les houilles *maigres*, moins hydrogénées, brûlant avec des flammes plus courtes et surtout employées au chauffage domestique.

Les lignites sont des charbons incomplètement formés qui brûlent mal et chauffent peu. La tourbe est un combustible tout à fait primitif; c'est la couche de produits végétaux qui commence à se décomposer et qui serait devenue, avec le concours des siècles, charbon de terre. D'une extraction facile, elle dégage peu de chaleur et donne beaucoup de fumée.

Charbons artificiels. — Coke, charbon des cornues. — Pour fabriquer le gaz d'éclairage, on calcine dans des vases clos du charbon de terre qui abandonne ses produits volatils et laisse un résidu poreux assez dense, le coke, et un dépôt cristallisé sur les parois du vase, le charbon des cornues. Le coke est un combustible formé de carbone et de cendres, qui donne beaucoup de chaleur, moins cependant que le charbon de terre, et qui brûle sans flamme ni fumée. Il est surtout employé aux usages domestiques. Le charbon des cornues est un dépôt de carbone cristallisé sur la partie la moins chaude des vases dans lesquels on a fait calciner la houille (fabrication du gaz d'éclairage). On ne l'emploie guère comme combustible; très dense, bon conducteur de l'électricité, à peu près infusible, il sert principalement à la fabrication des charbons pour pile, pour lumière électrique à arc, et, mélangé à des argiles spéciales, à la confection de creusets réfractaires.

Charbons de bois. — Le charbon de bois se prépare dans les forêts par le procédé des *meules*.

Sur une surface bien plane et de forme circulaire on dispose des branches de 4 à 5 mètres de haut, de façon à former une sorte de tuyau, et on établit de même un certain nombre de conduits horizontaux venant aboutir au tuyau central. On dispose alors verticalement les unes contre les autres des branches de 1 m. environ de hauteur qui forment un premier lit. Sur ce lit, on en dispose un second semblable au premier, puis un troisième, en ayant soin cependant de donner aux branches une inclinaison légère afin que la meule prenne une forme cônique; puis on achève à l'aide d'un dernier rang tout à fait couché et qui constituera la dôme de la meule. On recouvre enfin le tout de feuilles, de gazon et de terre, de façon que l'air ne puisse passer que par le sommet de la cheminée centrale ou par les évents ménagés à la base de la meule.

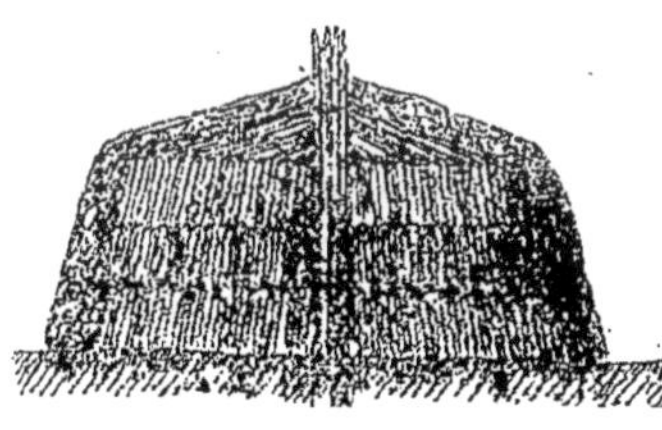

Fig. 184.

C'est alors qu'on procède à l'allumage en jetant des charbons enflammés dans la cheminée centrale, ainsi que des corps facilement combustibles : feuilles sèches, brindilles de bois desséché, etc. La combustion commence avec des fumées épaisses et blanches qui deviennent peu à peu transparentes et bleues. On bouche alors la cheminée et on pratique des ouvertures latérales pour permettre à la combustion de se propager dans toute la masse. Quand la coloration de la fumée est partout uniforme, on bouche toutes les ouvertures et on laisse refroidir la meule.

Le charbon de bois est mauvais conducteur de la chaleur et de l'électricité ; il est doué de la propriété d'absorber les gaz en très fortes proportions, aussi peut-il servir à désinfecter les eaux (filtres à charbon).

La braise de boulanger, qui n'est que du bois fortement calciné, est un charbon conduisant bien l'électricité : on l'emploie pour entourer l'extrémité inférieure des paratonnerres et assurer une bonne communication avec la terre.

Disons pour terminer que le bois, calciné en vases clos, donne des produits nombreux dont l'industrie fait usage : goudron, esprit de bois, etc.

Noir de fumée. — En brûlant des matières résineuses ou grasses en présence d'une quantité d'air insuffisante, on obtient une fumée noire très épaisse ; conduite dans des salles *ad hoc*, elle se dépose contre les parois. C'est le noir de fumée que l'on recueille et qui sert à fabriquer l'encre d'imprimerie, l'encre de Chine, etc.

Noir animal. — La calcination des os en vases clos laisse un résidu noir très poreux qui est doué de propriétés absorbantes et surtout de propriétés décolorantes très caractérisées : du vin, de l'encre, de la teinture de tournesol qui passent dans un filtre renfermant du noir animal finement concassé y perdent leur coloration. L'industrie emploie le noir animal pour clarifier les jus sucrés. Lorsque le noir animal a perdu par l'usage ses propriétés absorbantes, on le *revivifie* par une nouvelle calcination.

ACIDE OU ANHYDRIDE CARBONIQUE

Préparation. — La combustion du charbon dans l'air donne de l'acide carbonique, mais elle donne aussi d'autres gaz et pour étudier les propriétés de cet acide, il nous faut l'obtenir par d'autres procédés.

Prenons donc un carbonate de chaux (craie, débris de marbre, par exemple, disposons-le au fond d'un flacon à deux tubulures avec une certaine quantité d'eau, puis versons de l'acide sulfurique (ou chlorhydrique) par le tube à entonnoir ; il se produit une vive effervescence et l'acide carbonique pourra être recueilli dans une éprouvette sur la cuve à eau. L'emploi de l'acide chlorhydrique est préférable, car dans la préparation par l'acide sulfurique, le sulfate de chaux insoluble qui se dépose sur la craie empêche l'action ultérieure de l'acide,

Propriétés. — Gaz incolore, inodore, d'une saveur légèrement acide ; densité, 1,5. L'eau dissout son volume d'acide carbonique. Sous une très forte pression on a liquéfié l'acide carbonique ; ce liquide, au contact de l'air, se vaporise en partie et le refroidissement qui en résulte solidifie le reste. Le mélange d'acide carbonique solide et d'éther produit un froid de 90° au-dessous de zéro.

L'acide carbonique est un acide peu énergique ; il n'est ni combustible ni comburant; si on *verse* (vu sa grande densité) du gaz carbonique sur une bougie, on l'éteint, il trouble l'eau de chaux, c'est le caractère qui permet de le distinguer de tous les autres gaz inertes.

Il n'entretient pas la respiration, mais par contre il n'est pas vénéneux : un animal meurt dans une atmosphère d'acide carbonique, uniquement faute d'oxygène libre.

Fig. 186.

Ce gaz se trouve très répandu dans la nature : c'est un produit constant de la combustion ; la respiration des animaux et de l'homme en dégage ; les plantes, par suite de phénomènes combinés de nutrition et de respiration, dégagent la nuit de l'acide carbonique ; pendant le jour, ce dégagement est masqué par une absorption du carbone emprunté à l'acide carbonique de l'air et par suite par la libération d'oxygène.

Usage. — Il sert à fabriquer les boissons gazeuses et l'eau de seltz.

OXYDE DE CARBONE

Préparation. — En chauffant dans une cornue un mélange d'acide oxalique et d'acide sulfurique concentré, on obtient un mélange d'acide carbonique et d'oxyde de carbone. On fait absorber l'acide carbonique par une dissolution de potasse et on recueille l'oxyde de carbone dans une éprouvette sur la cuve à eau.

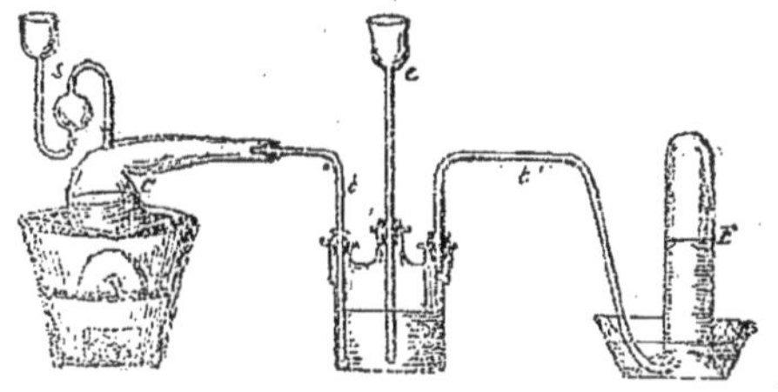

Fig. 187.

Propriétés. — Gaz incolore, inodore, sans saveur ; densité, 0,9.

C'est un gaz combustible; sa flamme est bleue et très chaude ; le produit de la combustion est de l'acide carbonique.

L'oxyde de carbone est excessivement vénéneux : il suffit de deux ou trois centièmes de ce gaz dans l'air pour occasionner la mort. C'est lui qui provoque toutes les asphyxies dites « par le charbon », aussi importe-t-il de ne jamais allumer du charbon au milieu d'une pièce close.

Usages. — L'oxyde de carbone est très avide d'oxygène, pour former de l'acide carbonique ; on utilise cette propriété en métallurgie, où l'oxyde de carbone est employé pour ramener à l'état métallique un grand nombre d'oxydes; c'est donc un corps *réducteur*.

Sulfure de carbone. — Il s'obtient en faisant passer la vapeur de soufre sur du charbon chauffé au rouge.

C'est un liquide combustible d'une odeur insupportable ; il dissout le soufre, le phosphore, la graisse, le caoutchouc, la gutta-percha, etc.

On l'emploie pour éteindre les feux de cheminée, mais son maniement est dangereux, parce qu'il forme avec l'air un mélange détonant.

COMPOSÉS HYDROGÉNÉS DU CARBONE

Le carbone et l'hydrogène forment de nombreux composés : les uns sont gazeux (acétylène, formène, éthylène), les autres sont liquides (pétroles, benzine, essence de térébenthine), les autres enfin sont solides (caoutchouc, gutta-percha, etc.).

L'*acétylène* est un gaz incolore d'une odeur désagréable. Plus léger que l'air et combustible, il donne une flamme brillante qui a fait chercher à l'utiliser pour l'éclairage.

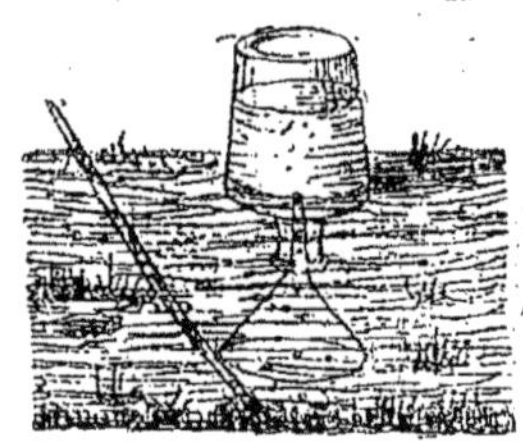

Fig. 188.

Le *formène* (ou *méthane*) est un gaz qui se forme spontanément par la décomposition des matières organiques. La vase des marais en renferme, d'où le nom de *gaz des marais* donné à l'hydrogène protocarboné. C'est un gaz incolore, inodore, sans saveur. Moitié plus léger que l'air, il se dégage souvent en grande abondance dans les mines de houille où il forme avec l'oxygène de l'air un mélange explosif très redoutable, le *grisou*.

L'*éthylène* est un gaz incolore qui brûle avec une flamme très éclairante. On en trouve du reste des quantités importantes (ainsi que du formène) dans le gaz d'éclairage.

Le formène combiné au chlore, produit le chloroforme, d'un si fréquent usage comme anesthésique ; l'éthylène et le chlore forment un liquide huileux d'une odeur empyreumatique appelé *liqueur des Hollandais*.

Gaz d'éclairage. — Le gaz d'éclairage n'est pas un gaz unique, c'est un mélange de carbures d'hydrogène, d'acide sulfhydrique, d'oxyde de carbone, d'hydrogène libre, etc.

Il se prépare en distillant la houille dans de grandes cornues de terre réfractaire ; l'opération dure 4 à 5 heures. Le volume de gaz que l'on obtient varie avec la nature du charbon, la houille mi-grasse mi-maigre donnant les meilleurs résultats.

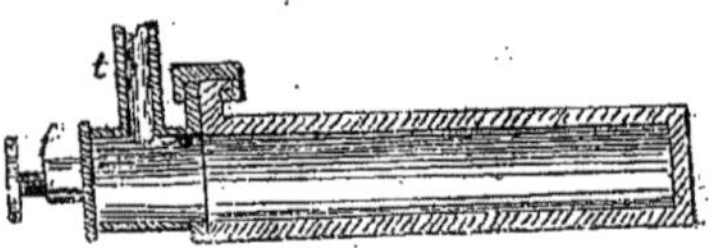

Fig. 189.

Au sortir des cornues, le gaz est conduit par les *tubes à dégagement* dans des *barillets* à moitié pleins d'eau, destinée à retenir les goudrons que le gaz avait entraînés et à isoler les cornues du reste de l'appareillage en cas d'accident. De là il se rend dans un *serpentin* d'une forme spéciale où il abandonne les matières volatiles qu'il tenait en suspension ; enfin, par son passage sur des claies où sont disposés du sulfate de chaux et de l'oxyde de fer, il se débarrasse de certains gaz qui le rendraient d'un usage trop désagréable. L'épuration du gaz n'est d'ailleurs pas poussée à la limite, afin de laisser subsister quelques carbures volatils qui donnent à la flamme son pouvoir éclairant et un peu d'acide sulfhydrique qui, par son odeur, décèle les fuites.

Le gaz, après sa purification, se rend dans les gazomètres, sortes de grandes cloches disposées sur l'eau et dont le poids, en partie équilibré par des contre-poids réglables à la volonté, exerce sur le gaz une pression à peu près constante. De là, il passe dans les canalisations et, si les compteurs sont ouverts, il arrive jusqu'aux becs.

La distillation de la houille donne, en même temps que des produits volatils et des gaz, du coke et du charbon de cornues ; l'épuration physique du gaz produit des eaux ammoniacales dont le traitement fournit un *alun*, et des goudrons desquels on peut retirer par distillation un grand nombre de produits très employés par l'industrie moderne (*benzine*, *naphtaline*, *aniline*, base de matières colorantes très usitées, *anthracène*, matière première de la garance artificielle, *brai*, employé à la fabrication des charbons agglomérés pour piles, *acide phénique*, *créosote*, etc.).

Pétroles. — Les pétroles sont des carbures d'hydrogène que l'on trouve tout formés dans la nature. A l'état brut, ils sont oléagineux, noirâtres ; distillés, ils donnent des produits nombreux parmi lesquels nous distinguerons l'*essence* de pétrole et l'*huile* de *pétrole*, employées pour l'éclairage, la *vaseline* et la *pétroléine*, substances onctueuses très employées en pharmacie, la *paraffine*, qui sert à fabriquer des bougies de qualité supérieure et est surtout fort utilisée dans l'industrie électrique (câbles isolés à la paraffine, condensateurs noyés dans la paraffine, etc.).

Benzine. — C'est un liquide incolore, d'une odeur caractéristique, qu'on obtient dans la distillation du goudron de houille. Elle est très inflammable. On l'utilise pour dégraisser les effets, pour dissoudre le caoutchouc ; combinée à l'acide azotique, elle donne un liquide très parfumé, l'*essence de mirbane* ou *nitro-benzine ;* celle-ci, traitée convenablement, produit l'*aniline*.

Essence de térébenthine. — Elle provient de la distillation des résines que fournissent par incision certains conifères (pins et sapins) ; le résidu constitue la *colophane*. Comme la benzine, elle sert à détacher les effets ; on l'emploie aussi pour dissoudre les vernis ; la médecine l'utilise comme vermifuge et diurétique.

Anthracène, Naphtaline. — Ce sont des carbures solides qui servent à fabriquer un grand nombre de matières colorantes.

Caoutchouc. — Le caoutchouc s'extrait par incisions de certains arbres. C'est un carbure d'hydrogène liquide quand on le recueille, mais qui durcit à l'air. Il est soluble dans le sulfure de carbone, l'essence de térébenthine, etc. Il possède la propriété de se souder à lui-même quand il a été fraîchement coupé.

Son élasticité à la température ordinaire, son impénétrabilité par l'eau et ses propriétés d'isolement pour l'électricité lui ont créé de nombreux usages : il sert à fabriquer des ballons, des appareils dilatables, des vêtements imperméables, des enveloppes isolantes pour conducteurs électriques, etc.

Caoutchouc vulcanisé. — Si on incorpore au caoutchouc 2 0/0 environ de soufre, on obtient le caoutchouc vulcanisé qui reste élastique, même à froid. Aussi l'emploie-t-on pour fabriquer les tubes de caoutchouc si répandus dans les ateliers, bureaux, laboratoires, pour la conduite du gaz ou de l'eau. Une fois vulcanisé, le caoutchouc ne peut plus se souder à lui-même.

Ebonite. — En combinant au caoutchouc 30 à 40 0/0 de soufre en présence de la vapeur d'eau et sous une forte pression, on réalise un produit nouveau, le *caoutchouc durci*, plus souvent appelé *ébonite*, qui sert dans l'industrie électrique comme isolant.

Gutta-percha. — Comme le caoutchouc, elle provient de certains arbres de la zone intertropicale. On pratique des incisions aux arbres à gutta, on recueille la sève qui sèche et se durcit. La gutta-percha n'est pas élastique, mais elle se ramollit vers 60° et peut alors se souder facilement à elle-même. Les alcools, l'éther, la benzine, le sulfure de carbone, etc., la dissolvent. Le gutta-percha est surtout employée comme substance isolante dans l'industrie électrique. Les câbles sous-marins sont presque exclusivement isolés à la gutta. La gutta sert aussi à fabriquer des vases pour la chimie, à prendre des empreintes pour la galvanoplastie, etc.

BORE, *acide borique.*

L'acide borique ou *borax* est le composé le plus important du bore ; il est employé par les soudeurs pour décaper les surfaces des métaux. On se sert aussi de l'acide borique en pharmacie.

SILICIUM, *silice.*

La silice, composé d'oxygène et silicium, est un corps répandu dans la nature sous les noms de *quartz, cristal de roche, améthyste, agate, cornaline, onyx,* etc.

Silicates, *verre.* — Les silicates sont des combinaisons formées par la silice avec les bases ; le verre est constitué par un mélange de divers silicates (de soude, de potasse, etc.).

On fabrique le verre en faisant fondre la silice en présence de carbonates de potassium et de calcium. Le cristal, le flint-glass et le strass sont des verres qui renferment en outre de l'oxyde de plomb.

CHAPITRE VIII

PROPRIÉTÉS GÉNÉRALES DES MÉTAUX ET ALLIAGES

Propriétés physiques générales des métaux. — Tous les métaux sont solides à la température ordinaire, à l'exception du mercure qui est liquide et de l'hydrogène qui est gazeux. Ils sont opaques, du moins sous une certaine épaisseur; ils ont presque tous l'éclat particulier appelé *éclat métallique ;* leur couleur est blanche comme pour l'argent, le zinc, l'étain, ou grise comme pour le fer, ou jaune rougeâtre comme pour l'or et le cuivre. Les uns sont relativement légers comme l'aluminium (densité = 2,5), les autres sont très lourds, comme le platine (densité = 21,5) et l'or (densité = 19) ; les métaux alcalins (potassium et sodium) sont seuls plus légers que l'eau.

Tous les métaux sont fusibles ; mais tandis que certains, comme l'étain, le plomb, sont facilement amenés à l'état liquide à des températures de 380° et de 230°, d'autres, comme le platine, nécessitent une élévation beaucoup plus grande de la température, qui n'a pu être obtenue que lorsque les procédés ont été suffisamment perfectionnés. Il est également possible d'amener les métaux à l'état *de vapeur ;* cette propriété est utilisée en métallurgie pour séparer deux métaux dont l'un est plus volatil que l'autre.

La *ductilité* est la propriété que présentent les métaux solides d'être étirés en fils fins. L'opération s'effectue au moyen de la *filière*. Dans une plaque d'acier *t* sont percés des trous dont les diamètres sont de plus en plus petits. Le fil est introduit dans l'un des trous et tiré, puis il s'enroule sur une bobine. On le refait ensuite passer dans un deuxième trou de diamètre plus petit et ainsi de suite jusqu'à ce qu'on ait obtenu le diamètre désiré. De tous les métaux, l'or est le plus ductile et le plomb le moins. Le cuivre et le fer, suffisamment ductiles, fournissent les fils surtout employés pour la construction des lignes électriques.

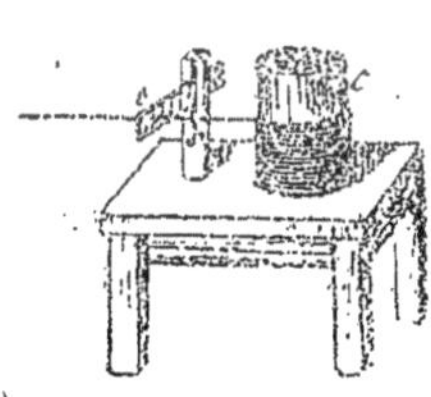

Fig. 190.

La *malléabilité* est la propriété en vertu de laquelle un métal peut être réduit en feuilles minces. Pour y parvenir, on le coule d'abord en plaque, puis on le passe *au laminoir*. C'est un appareil qui se compose de deux cylindres entre lesquels on engage la plaque, la distance des deux cylindres étant réglée d'après l'épaisseur que l'on veut réaliser. Lorsqu'on veut obtenir une feuille très mince, on procède par plusieurs passages au laminoir. L'industrie

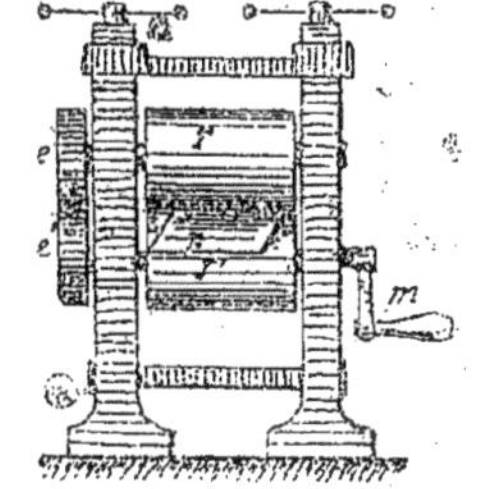

Fig. 191.

emploie en feuilles le plomb, le zinc, la tôle, l'étain (dit papier d'argent, etc.). Les plus malléables des métaux sont l'or et l'argent.

La *ténacité* est la résistance qu'oppose un métal à la rupture. Pour comparer la ténacité des divers métaux, à des fils de ces métaux ayant même longueur et même section, on suspend des poids de plus en plus considérables jusqu'à ce que la rupture se produise. Le plus tenace est évidemment celui qui a exigé la plus grande *charge de rupture*. Le fer et le cuivre sont les plus tenaces des métaux, le plomb le moins tenace.

Propriétés chimiques générales. — Dans l'air sec, tous les métaux, à l'exception des métaux précieux (or, argent, platine) s'oxydent ; mais les conditions de cette oxydation varient d'un métal à l'autre ; le potassium s'oxyde à la température ordinaire, les autres ne subissent cette altération qu'à des températures plus ou moins élevées.

L'oxydation du fer a de grands inconvénients. Pour la combattre, on a dû imaginer de recouvrir le métal de plusieurs couches de peinture ou bien encore de déposer à sa surface un métal moins oxydable qui le protège. On emploie dans ce but soit l'étain qui donne le *fer-blanc*, soit le zinc qui donne le fer *galvanisé* ; ce dernier procédé est le meilleur.

Le soufre, jouant, comme l'oxygène, le rôle d'un corps comburant, se combine à température élevée avec la plupart des métaux. Cette combinaison est également facilitée par la présence de l'eau. Il y a lieu de remarquer que l'argent, qui résiste à l'action de l'oxygène, est attaqué par le soufre.

Enfin, le chlore s'unit avec tous les métaux et ordinairement à froid. La combinaison est accompagnée d'un dégagement de lumière. On peut le constater en projetant de l'antimoine dans un flacon rempli de chlore.

Alliages. — Quelques métaux seulement, le fer, le zinc, le cuivre, le plomb, l'étain, le mercure, sont employés à l'état de pureté dans des cas déterminés. Les autres ne sont pas susceptibles d'emplois, soit qu'ils soient trop mous ou qu'ils soient trop cassants. Les *alliages* sont les combinaisons obtenues par l'union de deux ou plusieurs métaux. Lorsque l'un des métaux est le *mercure*, on donne à la combinaison le nom d'*amalgame*, suivi du nom des autres métaux unis au mercure.

Les alliages constituent toute une série de nouveaux métaux jouissant de propriétés différentes de celles des métaux qui leur ont donné naissance. Ce sont de véritables combinaisons des métaux souvent dissoutes dans un excès de l'un d'eux. On les obtient en fondant ensemble dans un creuset les métaux que l'on veut allier, l'opération se faisant à l'abri de l'air pour éviter l'oxydation.

Les alliages jouissent de propriétés des métaux ; ils sont opaques, bons conducteurs de la chaleur et de l'électricité, généralement blancs, sauf s'ils contiennent une proportion notable de cuivre ou d'or. Ils sont géné ralement *plus durs*, mais *moins ductiles*, *moins tenaces* et *moins malléables* que les métaux qui les constituent. Ils sont toujours plus fusibles que le moins fusible des métaux qui les forment.

Le métal entrant le plus fréquemment dans la composition des alliages est le *cuivre*, qui, uni au zinc, donne le *laiton*. L'alliage de cuivre, zinc, nickel, est le *maillechort*,

Le cuivre est même allié soit à l'or, soit à l'argent, pour la fabrication des monnaies et de la bijouterie.

Le *bronze* est un alliage de cuivre et d'étain.

Le *plomb et l'antimoine* constituent l'alliage des caractères d'imprimerie.

CHAPITRE IX

MÉTAUX USUELS : ZINC, FER, ÉTAIN, PLOMB, CUIVRE, MERCURE

Zinc. — Les deux minerais qui servent à l'extraction du zinc sont la *calamine* (carbonate de zinc) et la *blende* (sulfate de zinc). Si l'on veut obtenir le zinc à l'aide de ce dernier minerai, on le soumet à un grillage qui le transforme en oxyde de zinc. Si l'on opère sur de la calamine, une calcination décomposera le carbonate : l'acide carbonique se dégagera et il restera de l'oxyde de zinc. Donc, dans tous les cas, c'est en dernier lieu *l'oxyde de zinc* qui fournit le métal. On chauffe cet oxyde mélangé avec de la houille ; le charbon s'empare de l'oxygène et à la température élevée à laquelle on opère, le métal se volatilise et vient se condenser dans des cornues refroidies.

Le zinc est un métal blanc bleuâtre, assez cassant. On ne peut le laminer qu'en le chauffant dans le voisinage de 100°. Sa densité est environ de 7. Il est fusible (400°) et volatilisable (900°). Il n'est pas attaqué dans l'air sec, et dans l'air humide il ne l'est que superficiellement. Il brûle avec une flamme éclatante ; il décompose l'eau à froid en présence des acides (voir préparation de l'hydrogène, page 143). Il est employé pour la couverture des maisons, pour la fabrication d'ustensiles d'usage domestique ; il entre dans la composition d'alliages très usités (laiton, maillechort, fer galvanisé). Enfin, il est d'un usage constant dans les piles, dont il constitue le pôle négatif.

Fer. — Les minerais du fer sont très nombreux, les plus connus sont *l'oxyde magnétique de fer* ou pierre d'aimant, le sesquioxyde de fer anhydre ou fer oligiste, le sesquioxyde de fer hydraté ou fer oolithique.

Le traitement du minerai par la méthode des *hauts fourneaux* est le suivant : on mélange le minerai avec du charbon et du carbonate de chaux ; l'argile du minerai s'unit au calcaire, pour former un silicate double d'alumine et de chaux qu'on enlève. On est ainsi débarrassé des produits terreux formant la gangue. Le charbon réduit l'oxyde de fer; mais en raison de l'élévation de la température, le métal n'est pas pur : il est uni à une proportion de charbon, et au lieu de fer pur ou fer doux on obtient de la fonte de fer.

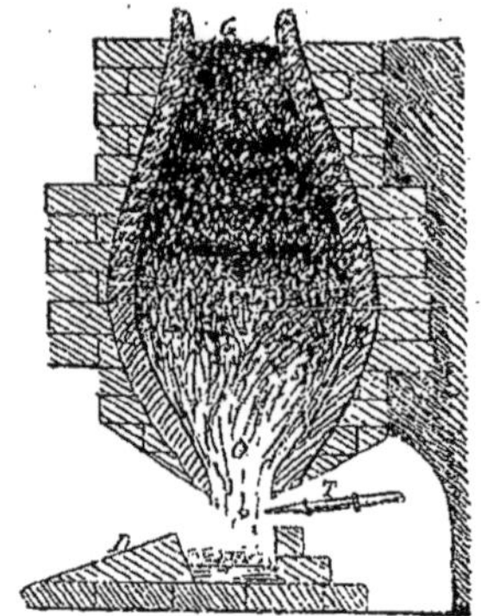
Fig. 192.

Le haut fourneau dans lequel s'effectue l'opération se compose d'une vaste cuve en briques réfractaires dans laquelle on introduit le mélange (minerai, calcaire, charbon). A la partie inférieure se trouve une tuyère T, par laquelle on envoie un violent courant d'air. Le métal en fusion se rassemble à la partie inférieure du creuset et s'écoule par le plan incliné D. La fonte ainsi obtenue est ensuite affinée par une combustion avec du charbon et l'on a le fer pur.

Les fontes sont du reste fréquemment employées en raison de la facilité avec laquelle elles peuvent être moulées. La fonte est un métal cassant renfermant 3 à 4 0/0 de carbone.

Le fer est un métal blanc grisâtre, ductile et malléable, très tenace. Sa densité est 7,8. Il fond vers 1500° et passe avant de fondre par l'état pâteux. A ce moment, on peut le modifier dans sa forme, le souder à lui-même ou à d'autres métaux : c'est le travail de la forge.

A la température ordinaire, il est inaltérable dans l'air sec, mais est rapidement oxydé dans l'air humide. On le protège soit par la peinture, soit en l'étamant ou en le galvanisant. Il décompose l'eau au rouge et donne des réactions avec tous les acides. Avec l'acide sulfurique, on obtient du sulfate de fer et de l'hydrogène (voir préparation de l'hydrogène).

L'acier est une combinaison de fer et de charbon, mais il ne renferme que le tiers du carbone contenu dans la fonte. C'est un corps blanc, susceptible de prendre un beau poli. En le *trempant*, c'est-à-dire en le chauffant et le refroidissant brusquement par immersion dans un liquide, il acquiert une grande élasticité et devient dur et cassant. On l'obtient soit en *carburant* le fer doux, c'est l'acier de *cémentation*, soit en décarburant partiellement la fonte, c'est l'acier *naturel* ou *puddlé*. L'acier est employé pour la fabrication des sabres, couteaux, instruments agricoles, outils, etc.

Etain. — On extrait l'étain en traitant par le charbon, sous l'action de la chaleur, le bioxyde d'étain ou *cassitérite*. C'est un métal blanc, très brillant, très fusible, très malléable ; sa densité est 7,3. Il ne s'altère pas sensiblement à l'air à la température ordinaire. Il n'est pas attaqué par l'acide sulfurique, mais il agit sur l'acide azotique et sur l'acide chlorhydrique.

Il entre dans la composition du bronze ; il sert à *étamer* les ustensiles de cuisine en fer ou en cuivre. Le fer blanc est la tôle *étamée*. On le fabrique en feuilles minces (dites papier d'argent) pour protéger le chocolat contre l'humidité.

Plomb. — Le minerai de plomb est la *galène* (sulfate de plomb). On obtient le métal par deux procédés. La méthode dite par *réduction* applicable aux minerais pauvres consiste à chauffer la galène avec du fer : le fer s'empare du soufre pour former un sulfure de fer et le plomb se dépose. Si le minerai est riche, on opère par réaction : on grille la galène au contact de l'air ; elle se transforme partiellement en oxyde de plomb et en sulfate de plomb. Si l'on élève alors la température, l'oxyde et le sulfate réagissent sur le sulfure pour donner de l'acide sulfureux et du plomb. — Le minerai de plomb renfermant souvent de l'argent, le métal obtenu est argentifère. On sépare l'argent en oxydant le plomb ; l'oxyde de plomb s'écoule et l'argent, inaltérable dans l'air, reste dans l'appareil.

Le plomb est un métal gris bleuâtre, très malléable, très mou, très peu tenace. Sa densité est 11,3. Il fond vers 330°. Il se recouvre à l'air d'une couche d'oxyde qui le protège contre toute attaque ultérieure. Il n'agit pas sur l'acide sulfurique étendu (préparation dans les chambres de plomb). Les sels de ce métal sont extrêmement vénéneux. Il est employé, en alliage avec l'étain, pour les caractères d'imprimerie, la soudure. A l'état de pureté, il sert à la fabrication des balles de fusil, des tuyaux de conduite d'eau ou de gaz. Ses sels sont très usités en peinture (minium, oxyde de plomb, céruse, carbonate de plomb).

Cuivre. — Ce métal existe dans la nature soit à l'état natif, soit à l'état d'oxyde ou de sulfure. Le traitement de l'oxyde par le charbon donne facilement le métal, l'oxygène de l'oxyde entrant en combinaison avec le charbon pour former de l'acide carbonique. Quand on opère sur le sulfure, un certain nombre de grillages le débarrassent de ses impuretés. Un dernier grillage donne de l'acide sulfureux et du cuivre impur (cuivre noir) qu'on affine au moyen du charbon en présence d'un courant d'air.

Le cuivre est un métal rouge présentant un bel éclat. Sa densité est 8, 8. Il fond vers 1100°, est très ductile, très malléable, très tenace, très bon conducteur de la chaleur et de l'électricité. Il ne s'altère pas dans l'air sec. Dans l'air humide, il se recouvre d'une couche de vert-de-gris (carbonate de cuivre) qui le protège contre l'oxydation. Il est attaqué à chaud par l'acide sulfurique, à froid par l'acide azotique ; l'acide chlorhydrique a peu d'action sur lui. Il est employé pour la fabrication des chaudières, des alambics, des lignes télégraphiques ou téléphoniques aériennes et surtout des conducteurs des câbles électriques souterrains et sous-marins. Il entre dans la composition de la plupart des alliages (bronze, laiton, maillechort, alliage des monnaies), etc.

Mercure. — On rencontre le mercure soit à l'état natif, soit en combinaison avec le soufre (*cinabre* ou sulfure de mercure). On extrait le mercure de ce minerai par les procédés suivants :

1° On peut se borner à griller le cinabre à l'air. Le soufre s'unit à l'oxygène de l'air pour former de l'acide sulfureux, et le mercure se volatilise ; on le recueille dans des chambres de condensation.

2° Si le minerai est moins pur, on le traite par la chaux : il se forme du sulfure de calcium, du sulfate de chaux et du mercure.

Le mercure est liquide à la température ordinaire, très brillant, il se solidifie à — 40° et bout à 350°. Sa densité est 13,6.

Il s'oxyde lentement à l'air et plus rapidement à une température voisine de son point d'ébullition. Il est attaqué, à froid, par le chlore ; il est attaqué, mais à chaud, par l'acide sulfurique (préparation de l'acide sulfureux) et par l'acide chlorhydrique ; à froid, l'acide azotique agit sur lui, en donnant du bioxyde d'azote.

C'est un poison très violent. Ses vapeurs sont dangereuses à respirer. Son contre-poison est l'*iodure de potassium*.

Il est utilisé en médecine, en physique pour la construction des thermomètres, baromètres, manomètres, en chimie (cuve à mercure) pour recueillir les gaz, etc.

CHAPITRE X

SELS USUELS

OXYDES — SULFURES — CHLORURES ; — CARBONATES — SULFATES — AZOTATES

Oxydes. — Les oxydes peuvent être obtenus, soit par l'oxydation du métal, s'il est attaquable par l'oxygène, soit par la décomposition d'un sel du métal. Ce sont des corps solides dénués d'éclat métallique, mauvais conducteurs de la chaleur et de l'électricité, généralement blancs, quelques-uns sont colorés (oxyde de plomb, de cuivre, de fer). Ils sont fusibles à l'exception de la chaux et de la magnésie. Les oxydes ne sont pas solubles dans l'eau, sauf ceux des métaux alcalins (potasse et soude).

La chaleur les décompose en les ramenant à un état inférieur d'oxydation (préparation de l'oxygène par le bioxyde de manganèse) ; sous l'influence du courant électrique, ils sont détruits : le métal se rendant au pôle négatif et l'oxygène au pôle positif.

L'hydrogène réduit certains oxydes, en donnant de l'eau et le métal ; au contraire le chlore s'empare du métal et l'oxygène se dégage.

Parmi les oxydes, les plus connus sont :

Potasse ou *oxyde de potassium* et **soude** ou *oxyde de sodium*. — Ce sont des corps caustiques, solubles dans l'eau, très fortement basiques, employés dans l'industrie pour la fabrication des savons. On les obtient en traitant par la chaux le carbonate correspondant qui provient de la calcination des plantes terrestres pour la potasse, marines pour la soude.

Chaux ou *oxyde de calcium*. — C'est une matière blanche, très caustique, indécomposable par la chaleur; elle a une grande affinité pour l'eau. Elle est employée dans la préparation du *mortier*, qui est un mélange de chaux éteinte, c'est-à-dire hydratée, et de sable. On la prépare en calcinant dans un four la *pierre à chaux* ou carbonate de chaux, qui se décompose sous l'influence de la chaleur, l'acide carbonique se dégage et quand la cuisson est achevée, on retire la chaux. Le four à chaux se compose d'une cuve en briques réfractaires qu'on remplit avec des pierres calcaires, en ménageant une voûte au-dessus du foyer.

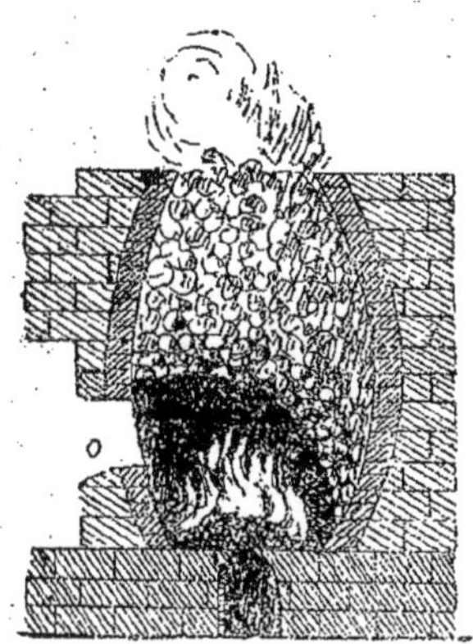

Fig. 193.

Oxyde de zinc. — On l'obtient par la combustion du zinc en présence de l'air ou par la calcination du carbonate de zinc. C'est un corps blanc employé en peinture (blanc de zinc) qui présente sur la céruse (blanc de plomb) l'avantage de ne pas noircir par suite d'émanations sulfureuses.

Oxyde de plomb. — Le protoxyde de plomb se présente soit sous la forme de *litharge* (jaune), soit sous celle de *massicot* (rouge). En oxydant le massicot, on obtient le *minium*, employé pour la peinture et pour la coloration de la cire.

Sulfures. — Les sulfures de presque tous les métaux se rencontrent dans la nature. Dans le chapitre précédent, nous avons cité ceux qui servent à l'extraction des métaux (blende, galène, pyrite cuivreuse, cinabre). On peut obtenir les sulfures soit par l'action du soufre sur le métal, soit par celle de l'acide sulfhydrique sur un sel dissous dans l'eau. Ce sont des corps solides, inodores, insolubles dans l'eau; ils sont généralement colorés.

Chlorures. — Certains chlorures existent dans la nature, comme le chlorure de sodium (sel marin), le chlorure de potassium, etc. On peut les préparer soit par l'action du chlore sur le métal, soit par l'action de l'acide chlorhydrique sur le métal ou sur l'oxyde. Les chlorures sont en général solides, volatils et solubles dans l'eau; ceux des métaux précieux sont décomposés par la chaleur ou par la lumière; l'électricité les décompose tous en amenant le métal au pôle négatif et le chlore au pôle positif; on a tiré de là un procédé d'extraction pour quelques métaux.

L'hydrogène agit sur les chlorures en se combinant avec le chlore;

le métal reste en liberté. Cette réaction est explicable par la grande affinité de l'hydrogène pour le chlore.

Chorure de sodium. — On les retire soit des mines de sel gemme, soit par l'évaporation des eaux de la mer dans les marais salants. C'est un sel solide, blanc, cristallisé, très soluble dans l'eau, déliquescent dans l'air humide. Il est très employé pour l'alimentation, la fabrication de l'acide chlorhydrique, etc...

Chlorhydrate d'ammoniaque, ou *chlorure d'ammonium.* — On a d'abord retiré ce sel de la fiente des chameaux, maintenant on emploie les eaux ammoniacales provenant de l'épuration du gaz d'éclairage et qui renferment du sulfate d'ammoniaque, qu'on traite par le sel marin. Il se forme du sulfate de soude et du chlorhydrate d'ammoniaque (ou *sel ammoniac*). C'est un corps solide, blanc, inodore, d'une saveur piquante, très soluble dans l'eau, cristallisé. Sa densité est de 1,5. Les oxydes métalliques le décomposent sous l'influence de la chaleur et ils sont eux-mêmes détruits : d'où son emploi pour *décaper* les métaux avant de les souder; on enlève ainsi la couche d'oxyde qui les salit.

Le chlorhydrate d'ammoniaque est employé pour la préparation du gaz ammoniac, pour le décapage des métaux et enfin dans la pile Leclanché (dissolution du vase en verre).

Chlorure de mercure. — Le mercure donne avec le chlore deux composés : le *sous-chlorure de mercure* ou *calomel* employé en pharmacie comme purgatif et le *chlorure de mercure* ou *sublimé corrosif*, poison très violent dont le contre-poison est l'albumine ou blanc d'œuf. Tous les deux sont obtenus en chauffant du sulfate de mercure avec du sel marin ; on emploie pour le premier du sulfate de sous-oxyde, pour le second, du sulfate de protoxyde.

Chlorure d'argent. — C'est un sel blanc, insoluble dans l'eau, mais soluble dans l'ammoniaque ou l'hyposulfite de soude. Il est décomposé par la lumière ; d'où son emploi en photographie. Les parties de sel non décomposées sont enlevées par dissolution dans l'hyposulfite de soude. On le prépare par l'action du sel marin sur l'azotate d'argent.

Sels. — Propriétés générales des sels. — Les sels sont solides, inodores, à l'exception des sels ammoniacaux; leur saveur dépend de la nature de la base; ainsi les sels de soude ont une saveur salée, ceux de plomb, une saveur sucrée, etc. Leur couleur dépend aussi de la base : les sels de cuivre sont bleus, ceux de fer sont verts ou bruns, ceux d'or sont jaunes, etc. Les sels sont en général solubles, sauf les carbonates et les sulfates de quelques métaux. Cette solubilité augmente habituellement quand la température s'élève, pour quelques-uns toutefois elle est sensiblement constante; le sulfate de soude présente même la particularité d'être moins soluble à chaud qu'à froid.

Certains sels très avides d'eau absorbent la vapeur contenue dans l'atmosphère et se dissolvent dans cette eau, on dit qu'ils sont *déliquescents :* tels sont le carbonate de potasse, l'azotate de chaux, etc.; d'autres au contraire, qui renferment de l'eau, l'abandonnent peu à peu par évaporation dans l'air ambiant; quand il est sec, ils perdent leur transparence. On les appelle sels *efflorescents;* tous les sels de soude rentrent dans cette catégorie.

Sous l'action de le chaleur, ou bien le sel *fond*, ou il se décompose; cette dernière particularité s'observe surtout avec ceux dont l'acide est volatil. Ainsi, le carbonate de chaux, chauffé, perd son acide carbonique et donne de la chaux.

L'électricité décompose les sels; l'acide et l'oxygène se rendent au pôle positif, le métal au pôle négatif; nous avons exposé l'application faite de cette propriété à la galvanoplastie.

Carbonates. — Les carbonates de soude, de chaux, de fer, de zinc existent dans la nature. Comme les carbonates sont en général insolubles, on les prépare par voie de double décomposition. On prend du carbonate de soude et un sel soluble du métal dont on veut préparer le carbonate. Par double décomposition, on obtient le carbonate insoluble.

Ce sont des corps solides, blancs, insolubles, sauf ceux de potasse et de soude; ils sont décomposables par la chaleur qui sépare la base de l'acide. L'oxygène n'a d'action que sur ceux dont la base peut se suroxyder. Le charbon réduit les carbonates en donnant de l'oxyde de carbone et mettant la base en liberté; les acides décomposent les carbonates (préparation de l'acide carbonique par l'action de l'acide sulfurique sur le carbonate de chaux).

Carbonate de potasse et carbonate de soude. — Ils sont obtenus par l'incinération des végétaux terrestres pour le sel de potasse et marins pour le sel de soude. Ce sont des sels blancs, l'un déliquescent, l'autre efflorescent, qui sont très employés pour la fabrication des savons, du salpêtre, des verres, etc.

Carbonate de chaux. — Il existe dans la nature sous de nombreuses variétés, tantôt cristallisées, tantôt amorphes. Le spath d'Islande, le marbre, la craie, l'albâtre, les pierres calcaires sont du carbonate de chaux.

Carbonate de plomb ou *céruse.* — C'est un sel blanc, pulvérulent, employé jadis en peinture pour former avec l'huile la couleur blanche; mais sous l'influence d'émanations sulfureuses, il se transforme en sulfate de plomb qui est noir. La céruse est un sel vénéneux.

Sulfates. — Les sulfates de chaux, de baryte, de magnésie existent dans la nature. On obtient les autres soit par l'action du métal sur l'acide sulfurique, soit par le grillage des sulfures, soit par double décomposition s'il s'agit d'un sulfate insoluble.

Ce sont des corps solides, blancs, solubles dans l'eau à l'exception de ceux de baryte et de plomb. Ils sont généralement décomposés par la chaleur, par le charbon et par les acides plus fixes que l'acide sulfurique (conformément aux lois de Berthollet).

Sulfate de chaux. — Le sulfate de chaux hydraté existe en masses considérables dans la nature. Il est appelé *gypse* ou pierre à plâtre. Il est peu soluble dans l'eau. Le plâtre est du sulfate de chaux auquel on a enlevé son eau de cristallisation par une cuisson dans des fours analogues à ceux qui servent à la préparation de la chaux. Gâché avec l'eau, le plâtre se solidifie et forme une masse compacte : d'où son emploi comme mortier.

Sulfate de zinc. — C'est le résidu de la préparation de l'hydrogène; c'est aussi le sel blanc qui prend naissance dans les piles (sels grimpants); il est employé en teinturerie; c'est un *antiseptique*.

Sulfate de cuivre ou *vitriol bleu*. — On l'obtient soit par l'action de l'acide sulfurique sur le cuivre, soit par le grillage des pyrites cuivreuses. Il se présente sous forme de beaux cristaux bleus.

Le sulfate de cuivre est employé en galvanoplastie, dans les piles Daniell et Callaud (dissolution du vase en verre). C'est un très bon antiseptique; il est également utilisé pour cautériser.

Azotates. — On trouve, à l'état naturel, des azotates de potasse et de soude; ce dernier constitue le guano du Pérou et du Chili, fiente d'oiseaux de mer. Pour préparer les azotates, on procède par action de l'acide azotique, soit sur le métal, soit sur l'oxyde.

Ces sels sont des corps solides, solubles dans l'eau, facilement décomposables par la chaleur; ils sont également détruits par les corps avides d'oxygène, comme le soufre, le charbon. L'acide azotique est déplacé des azotates par les acides plus énergiques que lui, comme l'acide sulfurique (Lois de Berthollet).

Azotate de potasse ou *salpêtre*. — Il est très abondant dans la nature; on le recueille et on le raffine pour le séparer de ses impuretés. Il est employé pour la préparation de l'acide azotique et la fabrication de la poudre de chasse et du guano.

La poudre est un mélange de salpêtre, charbon et soufre qui, en brûlant, donne un grand volume de gaz; ces gaz, étant enfermés dans un espace très restreint, ont une force élastique considérable et chassent violemment le projectile.

Azotate d'argent. — On l'obtient par l'action de l'acide azotique sur l'argent des monnaies. C'est un sel soluble, cristallisé, très caustique : il brûle la peau en y laissant une tache noire. Il est employé en médecine, pour ronger les chairs, sous le nom de *pierre infernale*; il peut servir aussi à marquer le linge d'empreintes indélébiles.

TABLE DES MATIÈRES

TITRE PREMIER
PHYSIQUE GÉNÉRALE

TITRE II
ÉLECTRICITÉ ET MAGNÉTISME

TITRE III
CHIMIE

Poitiers. — Imp. G. ROY, 7, rue Victor-Hugo.

Poitiers. — Imp. G. Roy, 7, rue Victor-Hugo.

www.ingramcontent.com/pod-product-compliance
Ingram Content Group UK Ltd.
Pitfield, Milton Keynes, MK11 3LW, UK
UKHW012236240726
13966UKWH00003B/1122

9 782011 928726